电子产品生产与工艺管理

主　编　郝敏钗　李春祎
副主编　陈旭凤　王菲菲
　　　　杨静芬　李香服
主　审　齐素慈　尹同良

北京理工大学出版社
BEIJING INSTITUTE OF TECHNOLOGY PRESS

内 容 简 介

本书为活页式教材，教材内容是紧密结合企业电子产品质量管理标准，引入企业新工艺，结合 1+X 证书要求和岗位需求开发的，课程实施过程融入课程思政，重在培养学生专业技术知识能力和学生可持续发展能力，教材是与企业深度融合的基础上，由河北工业职业技术大学专任教师和石家庄福瑞泰电子科技有限公司高级工程师共同编写完成。依据电子产品制造行业对技能型应用人才的能力需求，将全书分为 6 个模块，包括：电子产品发展及企业管理规范；常用工具及仪器仪表的使用；常用元器件的识别与检测；常用的电路焊接技术及工艺；电子产品的生产工艺；电子产品的生产管理。每个模块涵盖工作任务，每个工作任务包括课岗对接、任务描述、知识链接（跟我学）、任务实施、考核评价等内容。本书内容排合理、生动有趣、图文并茂、资源丰富、通俗易懂、线上线下相结合，突出实践性和操作性。本书可作为高等职业本专科院校电子信息类、自动化、计算机类专业的教材，同时也可作为开放大学、成人教育、中职学校以及电子制造企业培训不同层次工程技术人员的参考用书。

图书在版编目（CIP）数据

电子产品生产与工艺管理／郝敏钗，李春祎主编
. --北京 ：北京理工大学出版社，2022.8
ISBN 978-7-5763-1591-2

Ⅰ. ①电… Ⅱ. ①郝… ②李… Ⅲ. ①电子产品-生产工艺-高等职业教育-教材 ②电子产品-生产管理-高等职业教育-教材 Ⅳ. ①TN05

中国版本图书馆 CIP 数据核字（2022）第 141564 号

出版发行／北京理工大学出版社有限责任公司

社　　址／北京市海淀区中关村南大街 5 号

邮　　编／100081

电　　话／（010）68914775（总编室）
　　　　　（010）82562903（教材售后服务热线）
　　　　　（010）68944723（其他图书服务热线）

网　　址／http：//www.bitpress.com.cn

经　　销／全国各地新华书店

印　　刷／河北盛世彩捷印刷有限公司

开　　本／787 毫米×1092 毫米　1/16

印　　张／14.75　　　　　　　　　　　　　　　　　责任编辑／张鑫星

字　　数／338 千字　　　　　　　　　　　　　　　　文案编辑／张鑫星

版　　次／2022 年 8 月第 1 版　2022 年 8 月第 1 次印刷　　责任校对／周瑞红

定　　价／67.00 元　　　　　　　　　　　　　　　　责任印制／施胜娟

图书出现印装质量问题，请拨打售后服务热线，本社负责调换

前 言

高等职业教育以培养高素质技术技能人才为培养目标，落实立德树人根本任务，深化三教改革，强化人才培养质量，加强教材建设为导向。课程与企业深度合作，合作开发建设电子产品生产与工艺管理活页式教材。

本书由河北工业职业技术大学教师和石家庄福瑞泰电子科技有限公司高级工程师共同编写完成。依据电子产品制造行业对技能型应用人才的能力需求，结合 1+X 证书要求，融入课程思政理念，将全书分为 6 个模块，包括：电子产品发展及企业管理规范；常用工具及仪器仪表的使用；常用元器件的识别与检测；常用的电路焊接技术及工艺；电子产品的生产工艺；电子产品的生产管理。每个模块涵盖工作任务，每个工作任务包括课岗对接、任务描述、知识链接（跟我学）、任务实施、考核评价等内容。本书特点如下：

（1）活页式教材。本书由校企合作共同完成，突出学生实践，项目内容采用以练、测为主，培养学生吃苦耐劳、精益求精的精神。

（2）任务驱动引领。本书以实用的工作任务为主线，通过任务明晰思路，驱动激发学生兴趣、引导教学过程。

（3）立体资源支撑。本书开发了丰富的教学资源，包括多媒体课件、微课视频、动画、二维码资源等，扫一扫书中的二维码可阅览或下载相应教学资源，方便教学。

本书内容编排合理、生动有趣、图文并茂、资源丰富、通俗易懂、线上线下相结合，突出实践性和操作性。通过对本书知识的学习，学生能够了解电子产品生产企业，能够熟练地识别和检测常用的电子元器件，能够熟练地进行手工焊接，能够操作回流焊设备和波峰焊设备，能够制作印制电路板，能够进行电子产品的总装和调试。

本书可作为高等职业本专科院校电子信息类、自动化、计算机类专业的教材，同时也可作为开放大学、成人教育、中职学校以及电子制造企业培训不同层次工程技术人员的参考用书。

本书由河北工业职业技术大学郝敏钗教授和李春祎老师共同完成。郝敏钗教授负责本书的整体设计。具体编写分工如下：郝敏钗进行了全书的整体设计和编写了模块 1 和模块 3；李春祎编写了模块 2 和模块 3；李香服、王菲菲、杨静芬、陈旭凤分别编写模块 2、模块 4、模块 5、模块 6；乔振民、许财华、高梅、李鑫、曹学文、刘爽参与了本书的所有图表的绘制和文字的校对等工作。本书内容由河北工业职业技术大学齐素慈、石家庄福瑞泰电子科技有限公司高级工程师尹同良进行审核。

编　者

目 录

模块 1

电子产品的发展及企业管理规范

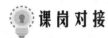

课岗对接

岗位具体要求：

1. 对接工程，能够创新产品设计，对接国标，提升生产工艺与品质保证。
2. 管理生产人员，组织制定生产技术工艺文件并落实执行。
3. 进行工厂规划与车间布置，优化布局，提升物控效率。
4. 严抓生产质量以及发货准时率。

任务描述

电子产品作为消费品已迅速进入人们的生活，是人们生活用品中不可缺少的一部分。本模块要求同学们了解电子产业发展的现状和趋势，并对主要电子产品特点（主要以通信产品为主）有一定的认识，对电子产品的发展建立初步认知，为后续进行电子产品研发设计、产品调试等奠定必要的知识和能力基础。

任务目标

素养目标	知识目标	技能目标
1. 培养学生信息查阅能力； 2. 培养学生对接企业的能力； 3. 培养学生认真严谨的学习态度。	1. 熟悉电子产业及其智能电子产品发展现状和趋势； 2. 掌握电子产品特点； 3. 了解电子产品的生产要求及管理要求。	1. 能识别常见电子产品； 2. 能综合运用所学知识分析现实电子产品应用案例。

1

知识链接—跟我学

1. 了解电子产品产业现状

电子信息技术和种类繁多的电子产品已经广泛渗入国防、经济和社会各个领域，成为人们生产、科研、工作、生活不可缺少的部分。电子产业是我国增长最快的行业之一，我国在电子产业的优势主要体现在电子终端产品的制造上，我国电子信息产业的发展表现出以下几个基本特征：

（1）我国已经成为电子信息产品的制造大国。

（2）我国电子信息产业初步确立了全球产业分工体系中的重要地位。

（3）产业聚集已经出现，初步形成了长江三角洲、珠江三角洲和环渤海三大信息产业基地。

2. 电子产品的分类

电子产品种类繁多，分类标准也不同，具体分类如表 1.1 所示。

表 1.1　电子产品的分类

分类标准	种类	实例
按产品操作的难易程度分类	人工操作的产品	机械类的洗衣机
	半自动操作的产品	半自动类的洗衣机
	全自动产品	全自动类的洗衣机
	智能化产品	采用模糊理论制造的洗衣机
按产品的大小分类	超大型产品	大型中央空调
	大型产品	大型卫星影院、电视背投
	中型产品	冰箱、彩电
	小型产品	笔记本电脑、加湿器
按产品的用途分类	制冷产品	电冰箱、冷冻箱空调器、冷风机
	取暖产品	远红外电取暖器、电热毯
	厨房产品	电饭锅、消毒碗柜
	清洁产品	洗衣机、干衣机
	热容产品	电吹风
	熨烫产品	电熨斗
	电声产品	收音机、录音机、MP4
	视频产品	电视机、摄像机
	娱乐产品	电动玩具、电子游戏机
	保健产品	按摩器、脉冲治疗器
	通信类产品	手机
	其他产品	电动缝纫机、电动自行车

3. 电子电路的发展

今天的科技发展日新月异，一天比一天发展得更好，隔段时间就有新的技术被开发出来，被大众所知，同时这些技术又广泛应用于军事、民用、海洋、航天等领域。科学技术的发展离不开基础技术，电子就是其中的基石，现如今 95% 以上的设备当中都有电子器件，都有集成电路，今天就来分享一下电子信息技术的发展大事件、电子电路技术的发展历史。

电子技术是 19 世纪末、20 世纪初发展起来的新兴技术，20 世纪发展最为迅速，应用最为广泛，成为近代科学技术发展的一个重要标志。

跟我练:

请同学们采取信息化手段查阅电子技术的发展历程，完成表 1.2。

表 1.2　电子技术的发展历程

电子技术发展历程	名称	特点	应用
第一代			
第二代			
第三代			
第四代			

电子元器件是电子电路（系统）的基本单元：电路的正常运行（合理功能）是从每个器件的正常运行开始的。

电子元器件在电子技术的发展中起关键作用：元器件的发展推动了技术的革新，新技术的发展又进一步给元器件的发展提出了新要求。

跟我练:

了解三款十年改变世界的电子产品，列举它的应用特点并完成表 1.3。

表 1.3　三款改变世界的电子产品

电子产品名称	电子产品应用特点

1）电子电路的发展趋势

中国消费电子产品市场整体保持良好的发展态势，目前正在急速扩张，显示类产品中液晶电视增长最快，在显示类产品中手机、笔记本电脑、液晶彩电、等离子彩电和显示器零售额取得增长，影像类产品除摄像机外都出现普涨局面，其中拍照手机增长尤快，移动类产品中的手机市场规模依然很大，移动类产品中手机、笔记本电脑、数码相机都在增长。连锁家电卖场销售数字产品比重大幅提升。中小尺寸电子产品发展趋势从消费性电子产品应用方面来讲，主要以手机、平板电脑、个人导航设备（PND）以及数码产品为主，其中仍以手机为主要产品，占据着中小尺寸电子产品市场的主要份额，推动着中小尺寸面板向前发展。近年来，随着社会经济和科学技术的发展，电子行业抓住了发展的契机，获得了前所未有的发展，成为推动国民经济发展的重要动力。电子产品逐渐成为人们日常生活中不可或缺的一部分，对人们的生活产生了深远的影响。如今，电子产品在半导体产业中发展迅速，也是占领市场的一大因素。

电子发展的最大趋势是 5G 网络的到来，带来宽带数据的千兆位下载速度。5G 到来，电信、工业、汽车、医疗和混合现实市场大规模扩张。人工智能也是一种无处不在的科技潮流，随着人工智能技术的发展以及智能手机运算能力的提升，主流手机厂商不断加大人工智能领域的投入，不断推出搭载 AI 芯片，具有人脸识别、语音识别、自然语言理解、增强现实、AI 智慧美颜等功能的人工智能手机、智能穿戴设备等。

电子产品不断向智能化发展，电子功能性产品日趋重要，新材料的不断应用使电子功能性产品类更加丰富，产品精密度等要求不断提升，对生产工艺要求不断提高。

2）电子生产企业的企业管理规范

电子生产企业良好的企业车间管理制度至关重要，对员工的各项要求规范，才能激发创造力，也能做到对生产产品的精细化管理。

企业对公司员工的考核，应关注品德、才能、工作态度和业绩，并对此做出适当的评价，作为合理使用、奖惩及培训的依据，促使增加工作责任心，各司其职，各负其责，破除干好干坏一个样、能力高低一个样的弊端，激发上进心，调动工作积极性和创造性，提高公司的整体效益。

考核的内容主要是个人德、勤、能、绩四个方面，其中：

（1）德主要是指敬业精神、事业心和责任感及道德行为规范放于首位。

（2）勤主要是指工作态度，是主动型还是被动型等。

（3）能主要是指技术能力，完成任务的效率、完成任务的质量、出差错率的高低等。

（4）绩主要是指工作成果，在规定时间内完成任务量的多少，能否开展创造性的工作等。

 任务实施

（1）你认为未来我国消费电子产品市场将呈什么样的发展趋势？

（2）查阅了解京津冀电子类公司的管理要求，并填表1.4。

表1.4　京津冀电子类公司的管理要求

序号	公司名称	规模	公司研发、调试人员要求	公司管理规范
1				
2				
3				

考核评价

考核评价如表1.5所示。

表1.5　考核评价

了解电子产品发展及企业管理						
班级		姓名		组号	扣分记录	得分
项目	配分	考核要求		评分细则		
学习态度	20分	能认真运用信息化手段独立开展学习并有创新性方法		1. 直接复制结果扣20分； 2. 仅停留在表面的学习扣5分； 3. 查出并直接运用，无创新，扣完5分为止； 4. 学习态度应付扣20分		
电子产品发展	40分	能正确了解目前电子产品的发展		1. 直接复制扣40分； 2. 出现不按要求查阅，扣完20分为止		
了解企业管理规范	40分	能正确了解相关电子企业规范，并能深入企业学习认知		1. 直接复制扣40分； 2. 通过信息化手段了解，无深入企业，扣10分； 3. 通过信息化手段了解，深入企业，无反思扣5分		
总　分						

模块 2

常用工具及仪器仪表的使用

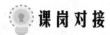

课岗对接

电子仪器仪表装配工岗位具体要求：

1. 使用手工工具、仪器仪表从事电子仪器仪表组合装配与调试。
2. 熟知常用仪器仪表的名称、规格、调试方法、使用范围及维护。
3. 研究、设计仪器仪表产品或系统并指导生产。
4. 指导安装、调试仪器仪表与系统。
5. 测试仪器仪表的质量与性能。
6. 指导运行、维护仪器仪表系统。
7. 研究、开发仪器仪表零部件，并推广应用。
8. 应用仪器仪表产品及制定其系统标准。

任务 2.1　常用工具的使用

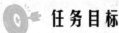

任务描述

电子产品装配调试中会使用多种工具及仪器仪表，你知道常用的有哪些吗？怎么使用？下面我们通过本任务来学习使用常用手工工具的类型、作用、使用方法及外形结构等。

任务目标

素养目标	知识目标	技能目标
1. 专业自信、积极乐观； 2. 信息查阅和检索能力； 3. 钻研技术、勇于创新的学习态度。	1. 掌握常用工具的名称、用途及使用方法； 2. 掌握常用仪器仪表的分类、调试及使用； 3. 知道多个仪器怎样在电路中同时使用。	1. 会正确、安全使用常用工具； 2. 会正确使用仪器仪表。

知识链接—跟我学

2.1.1　普通工具

普通工具是指既可用于电子产品装配，又可用于其他机械装配的通用工具，如螺钉旋具、尖嘴钳、斜口钳、钢丝钳、剪刀、镊子、扳手、手锤、锉刀等。

1. 螺钉旋具（螺丝刀）

螺钉旋具俗称改锥或起子，用于紧固或拆卸螺钉。常用的螺钉旋具有一字形、十字形两大类，又分为手动、自动、电动和风动等形式。

常用的螺钉旋具外形结构如图 2.1~图 2.3 所示。

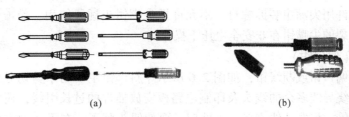

图 2.1　螺钉旋具

（a）一字形螺钉旋具；（b）十字形螺钉旋具

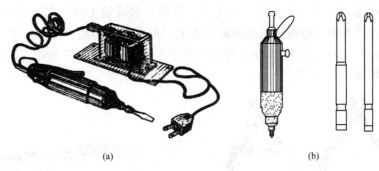

图 2.2　小型电动和风动螺钉旋具

（a）电动螺钉旋具；（b）风动螺钉旋具

图 2.3　自动螺钉旋具

2. 螺帽旋具（螺帽起子）

螺帽旋具适用于装拆外六角螺母或螺栓，比使用扳手效率高、省力，不易损坏螺母或螺栓。螺帽旋具如图 2.4 所示。

3. 尖嘴钳

尖嘴钳如图 2.5 所示，头部尖细，适用于狭小的工作空间操作。尖嘴钳的用途是在焊接点上网绕导线、网绕元器件的引线，或用于布线，以及对少量导线及元器件的引线成型，夹持较小的螺钉、垫圈、导线和电子元器件，进行安装、焊接等操作。

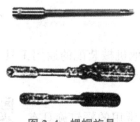

图 2.4　螺帽旋具

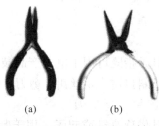

图 2.5　尖嘴钳

(a) 普通型；(b) 长嘴型

注意：不允许用尖嘴钳装拆螺母，不允许把尖嘴钳当锤子使用，敲击他物。严禁使用塑料柄破损、开裂的尖嘴钳在非安全电压下操作。

4. 斜口钳（偏口钳）

斜口钳又称偏口钳或断线钳，如图 2.6 所示。斜口钳主要用于剪切导线，尤其适用于剪掉焊接点上网绕导线多余的线头及印制电路板安放插件的过长引线，还常用来代替一般剪刀剪切绝缘套管、尼龙扎线卡等。剪线时，要使钳头朝下，在不变动方向时可用另一只手遮挡，防止剪下的线头飞出伤眼。

5. 钢丝钳

钢丝钳简称钳子，又叫卡丝钳、老虎钳，是钳夹和剪切工具，有铁柄和绝缘柄两种，带绝缘柄的钢丝钳的绝缘塑料管耐压 500 V 以上，可在带电的场合使用。常用的钢丝钳有150 mm、175 mm、200 mm 及 250 mm 等多种规格，其外形如图 2.7 所示。钢丝钳主要用于夹持和拧断金属薄板及金属丝等。

图 2.6　斜口钳

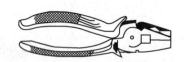

图 2.7　钢丝钳

使用钢丝钳应注意：

(1) 使用前，先检查钢丝钳的绝缘柄是否完好，以免带电作业时造成触电事故。

(2) 使用钢丝钳带电剪切导线时，不得用刀口同时剪切不同电位的两根导线，以免发生短路事故。

(3) 使用中切忌乱扔，以免损坏绝缘塑料管。

(4) 不可将钢丝钳当锤使用，以免刀口错位、转动轴失圆，影响正常使用。

6. 剪刀（剪线剪）

除常用的普通剪刀外，还有剪切金属线材的剪刀，这种剪刀的头部短而宽，为的是使剪切方便有力，如图 2.8 所示。

7. 镊子

镊子形状有多种，最常用的有尖头镊子和圆头镊子两种，如图 2.9 所示。其主要作用是用来夹持物体。端部较宽的镊子可夹持较大的物体，而端部尖细的普通镊子适合夹持细小物体。在焊接时，用镊子夹持导线或元器件，以防止移动。对镊子的要求是弹性强，合拢时尖端要对正吻合。

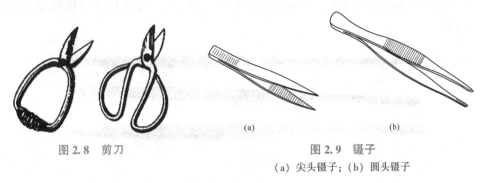

图 2.8　剪刀　　　　　　　　　　图 2.9　镊子
　　　　　　　　　　　　　　　　（a）尖头镊子；（b）圆头镊子

8. 扳手

扳手有固定扳手、套筒扳手、活动扳手三类，是紧固或拆卸螺栓、螺母的常用工具，如图 2.10~图 2.13 所示。

图 2.10　固定扳手

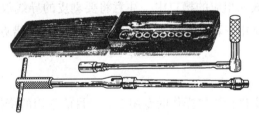

图 2.11　套筒扳手

图 2.12　活动扳手

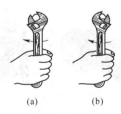

图 2.13　活动扳手正确扳动方向
（a）正确；（b）错误

9. 手锤

手锤俗称榔头，是用于凿削和装拆机械零件等操作的辅助工具。使用手锤时，用力要适当，要特别注意安全。

10. 锉刀

锉刀是钳工锉削使用的工具，适用于修整精密表面或零件上难以进行机械加工的部位，如图 2.14 所示。

图 2.14　锉刀

2.1.2　专用工具

专用工具是指功能很专业的工具，是指专门用于电子整机装配的工具，比如剥线钳、成型钳、压接钳、绕接工具、热熔胶枪、手枪式线扣钳、元器件引线成型夹具、特殊开口螺钉旋具、无感小旋具及钟表起子等。

1. 剥线钳

剥线钳用于剥有包皮的导线，其外形如图 2.15 所示。使用时将要剥削的绝缘长度用标尺定好后，即可将导线放入相应的槽口中，注意将要剥皮的导线放入合适的槽口，剥皮时不能剪断导线。剥线钳是用于剥掉直径 3 cm 及以下的塑胶线、腊克线等线材的端头表面绝缘层的专用工具。

2. 绕接器

绕接器是无锡焊接中进行绕接操作的专用工具。目前常用的绕接器有手动及电动两种，电动绕接器如图 2.16 所示。

被剥导线

图 2.15　剥线钳　　　　　　　　　　图 2.16　电动绕接器

3. 压接钳

压接钳是无锡焊接中进行压接操作的专用工具，如图 2.17 所示。

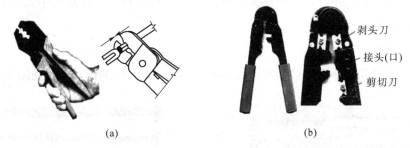

(a)　　　　　　　　　　(b)

图 2.17　压接钳

（a）普通压接钳；（b）网线钳

4. 热熔胶枪

热熔胶枪是专门用于胶棒式热熔胶的熔化胶接的专用工具，如图 2.18 所示。

5. 手枪式线扣钳

手枪式线扣钳是专门用于线束捆扎时拉紧塑料线扎搭扣，如图 2.19 所示。

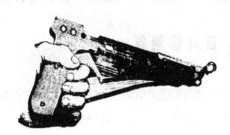

图 2.18　热熔胶枪　　　　　　　图 2.19　手枪式线扣钳

6. 元器件引线成型夹具

元器件引线成型夹具是用于不同元器件的引线成型的专用夹具，如图 2.20 所示。

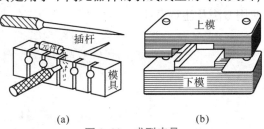

(a)　　　　　　　　　　(b)

图 2.20　成型夹具

（a）手工成型夹具；（b）固体元器件成型夹具

7. 无感小旋具

无感小旋具又称无感起子，是用非磁性材料（如象牙、有机玻璃或胶木等非金属材料）制成的、专门用于无线电产品中电感类元件的调试，可以减少调试过程中人体对电路的感应，如图 2.21 所示。

8. 钟表起子

钟表起子主要用于小型或微型螺钉的装拆、小型可调元件的调整等，如图 2.22 所示。

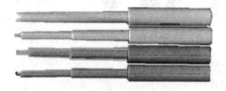

图 2.21　无感小旋具

图 2.22　钟表起子

 **任务实施**

从实验室找取废旧电路板、组装过的收音机等电路板进行常用工具练习。

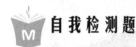 **自我检测题**

（1）焊接完成后需要减掉元器件多余的引脚应选用（　　　）。

A. 尖嘴钳　　　　　　B. 钢丝钳　　　　　　C. 偏口钳　　　　　　D. 剪刀

（2）装拆一个微型螺钉应该选用哪个工具？（　　　）

A. 无感起子　　　　　B. 钟表起子　　　　　C. 普通螺丝刀　　　　D. 螺帽起子

（3）焊接完成调幅收音机后需要调试应选用哪个工具？（　　　）

A. 无感起子　　　　　B. 钟表起子　　　　　C. 普通螺丝刀　　　　D. 螺帽起子

（4）简述剥线钳的使用方法及注意事项。

 考核评价

考核评价如表 2.1 所示。

表 2.1　考核评价

任务 2.1　常用工具的使用					
班级		姓名		组号	
				扣分记录	得分
项目	配分	考核要求	评分细则		
学习态度、职业素养	20 分	1. 能认真运用信息化手段独立开展学习并有创新性方法； 2. 能够团队协作开展项目学习； 3. 能严谨认真进行实施	1. 直接复制结果扣 20 分； 2. 团队不配合扣 10 分； 3. 查出并直接运用，无创新，扣完 5 分为止； 4. 学习态度应付扣 10 分		
普通工具的使用	40 分	1. 能根据任务要求选择正确的工具； 2. 会正确安全使用工具	1. 工具选择错误扣 10 分； 2. 未安全正确使用，一次扣 10 分		
专用工具的使用	40 分	1. 能根据任务要求选择正确的工具； 2. 会正确安全使用工具	1. 工具选择错误扣 10 分； 2. 未安全正确使用，一次扣 10 分		
总　分					

任务 2.2　常用仪器仪表的使用

任务描述

示波器、函数信号发生器、直流稳压电源、万用表等是电路调试检测中最常用的仪器仪表。那么它们各自的功能是什么？如何使用呢？本任务将教大家如何正确使用这些仪器仪表来辨别、检测元器件，调试电路、查找电路故障等。

任务目标

素养目标	知识目标	技能目标
1. 培养团队协作、个人主人翁意识； 2. 培养学生信息查阅和检索能力； 3. 培养责任感和细致耐心的良好品格。	1. 了解常用仪器仪表的结构和用途； 2. 掌握常用仪器仪表的性能； 3. 熟悉仪器仪表面板菜单功能。	1. 熟练掌握常用仪器仪表的使用方法； 2. 能熟练使用仪器仪表按照要求进行电路或元器件检测。

 知识链接—跟我学

2.2.1　万用表的使用

万用表是集电压表、电流表、欧姆表一体的便携式仪表，分为指针万用表和数字万用表，如图 2.23 所示，可测量电压、电流、电阻等参数，可通过拨动万用表的转换开关进行选择测量。

1. 指针万用表

1）指针万用表的组成

指针万用表又称为模拟式万用表，主要由磁电式测量机构（俗称表头）、测量电路和转换开关组成。

（1）表头的工作原理是利用电磁感应将电量的变化转换成指针偏转角度的变化，从而读出数据。表头由刻度线、指针和机械调零螺钉组成，由指针所指刻度线的位置读取测量值，机械调零螺钉位于表盘下部中间位置。

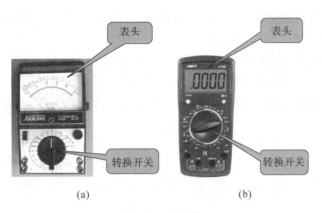

图 2.23　万用表

（a）指针万用表；（b）数字万用表

如 MF50 型万用表有 8 条刻度线。从上往下数，第一条刻度线是测量电阻时读取电阻值的欧姆刻度线。第二条刻度线是用于交流电压和直流电流读数的共用刻度线。第三条刻度线是测量 10 V 以下交流电压的专用刻度线。第四、第五条刻度线是测量三极管放大倍数的专用刻度线。

（2）转换开关的作用是选择测量的项目及量程。通过转换开关可选择测量交直流电压、交直流电流、电阻及音频电平、晶体管静态直流放大倍数 h_{FE}、I_{CEO}、电容、电感等。指针万用表的测量项目及量程选择如表 2.2 所示。

表 2.2　指针万用表的测量项目及量程选择

测量项目	可选量程
直流电压	有 2.5 V、10 V、50 V、250 V、1 000 V 五个量程挡位
交流电压	有 10 V、50 V、250 V、1 000 V 四个量程挡位
直流电流	有 2.5 mA、25 mA、250 mA 三个常用挡位，及 100 μA、2.5 A 两个扩展量程挡位
电阻	有×1、×10、×100、×1k、×10k 五个倍率挡位
三极管	h_{FE}

2）指针万用表的使用方法

（1）机械调零。

在使用万用表之前，如果指针不在零位线上，应先进行机械调零。水平放置万用表，调整表头指针下面的机械调零螺钉，使指针准确指在刻度尺左边的零位上。测量电阻前还应进行欧姆调零，选择合适的电阻挡位，将红黑表笔短接，转动欧姆调零旋钮，使指针对准电阻刻度的零值。

（2）交、直流电流测量。

根据所测电流的大小，把转换开关转到相应的电流挡上，测量时把万用表串接在被测电路中，红表笔接触在电路的正端，黑表笔接触在电路负端。注意：不能接反表笔。

（3）交、直流电压测量。

将红黑表笔分别接在"+""–"（或"COM"）插孔中，选择合适量程，将表笔跨接在被测电路两端。测量直流电压时，红表笔接触电路的正端，黑表笔接触电路的负端。

（4）直流电阻测量。

先将转换开关转到合适的电阻挡范围内，进行欧姆调零。然后将红黑表笔分别与电阻的两端接触，即可测出被测电阻的阻值，指针读数乘以挡位倍率即为电阻值。

注意：每次改变挡位均应先欧姆调零。测量时手不得接触表笔的金属部位，以免影响测量结果。

（5）三极管直流放大系数 h_{FE} 的测量。

测量 h_{FE} 时，应把转换开关转到 $R \times 1$ k，调好欧姆零位，再把开关转到 h_{FE} 处，把晶体管 C、B、E 三极插入万用表上的 C、B、E 插座内，这时在 h_{FE} 刻度上即可读出 h_{FE} 的大小。

3）注意事项

（1）指针万用表使用前应先进行机械调零，测量电阻前应先进行欧姆调零。

（2）测量时手不得接触表笔的金属部位，以保证人身安全和测量的精确程度。

（3）当万用表使用完毕后，应将转换开关置于"OFF"挡，该挡是万用表专用停止使用挡，内部电路使万用表的表头处于较大的阻尼状态下，能有效保护电表不易损坏。有的万用表没有该专用挡位，可将转换开关拨至交流电压的最高挡位，如 AC 1 000 V 挡。然后拔下表笔，将表笔的连线绕大圈整理好，放入盒内。不要将表笔的连线绕在表笔上，以免缠绕过紧，折断表笔导线中的铜丝。

2. 数字万用表

数字万用表以十进制数字直接显示读数，具有读数直接、精确度高、功能齐全、测量速度快和小巧轻便等特点。可用来测量直流和交流电压、电流、电阻和二极管、电容、晶体管的 h_{FE} 参数及电路通断检查。

数字万用表的使用

1）数字万用表使用说明

图 2.24 所示为某款数字万用表面板，包括 LCD 显示器、电源开关、数据保持选择按键、量程开关、公共输入端、20 A 电流输入端、其余测量输入端等，可用于不同参数的测量。

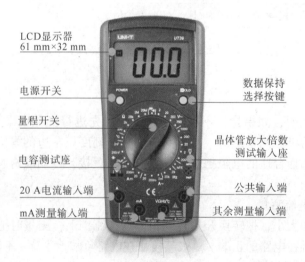

图 2.24　数字万用表面板

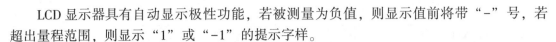

　　LCD 显示器具有自动显示极性功能，若被测量为负值，则显示值前将带"-"号，若超出量程范围，则显示"1"或"-1"的提示字样。

　　量程选择开关为旋转式，位于面板的中间位置，用以选择不同的功能和量程。

　　电源开关有"ON"和"OFF"两种状态，使用万用表时电源开关应处于"ON"的状态，测量完毕后应置于"OFF"位置。数字万用表表内必须装上 9 V 电池，才能进行各种测量，电池盒装有熔丝管，起过载保护作用。

　　表笔插孔有"COM""VΩ""A"和"10 A"四个插孔。使用时，黑表笔应插入"COM"插孔，红表笔按照测量种类和大小插入"VΩ""A"和"10 A"插孔。h_{FE} 插孔用于测量三极管的 h_{FE} 值，测量时将三极管的 B、C、E 极插入相应插孔。

　　2）数字万用表使用方法

　　数字万用表的测量项目及量程选择如表 2.3 所示。

表 2.3　数字万用表的测量项目及量程选择

序号	测量项目	操作要领
1	测前准备	将黑表笔插入公共输入（COM）端，红表笔插入 VΩ 插孔（红表笔为"+"极）。再将量程放至在测量的挡极上，按下 ON/OFF 电键，即可测量
2	直流电压	将开关置于 DCV 量程范围，并将表笔跨接在被测负载或信号源上。在显示电压读数时同时会指出红表笔的极性
3	交流电压	将开关置于 ACV 量程范围并将表笔跨接在被测负载或信号源上。此时，显示器显示出被测电压读数
4	直流电流	将黑表笔插入 COM 插孔内，当最高测量电流为 200 mA 时，将红表笔插入 mA（最大为 2 A）插孔。如测 10 A 挡则将红表笔移至 10 A 的插孔。 将开关置于 DCA 量程范围，将试电笔串入被测电路中，红表笔的极性将与数字显示的同时指示出来。 注意：在测量大电流时如果该挡位无保护，连续测量大电流会使电流过热，影响测量精度甚至损坏万用表
5	交流电流	方法同直流电流，只是将量程开关转至相应的 ACA 量程上即可
6	电阻	将黑表笔插入"COM"插孔，红表笔插入 VΩ、二极管插孔；将开关置于所需的 Ω 量程上，并将测试笔跨接在被测电阻两端。 如果被测电阻超过所用量程，则会指示出超量程（"1"），需换用高挡量程； 当被测电阻阻值在 1 MΩ 以上时，此表需数秒才能达稳定读数。 当量程选择最小值即 200 Ω 时，应先测量线电阻，即两个表笔短接时读数即为线电阻，测量电阻时应减去线电阻
7	电容	量程开关置于相应电容量程上，若屏幕显示"1"表示电容值超过所选量程，应将量程开关调至较高挡位； 将欲测电容插入电容插座，有需要时注意连接极性。当测量有极性电容时注意其极性分别将它插入"+"（CX 符号）插座和"-"（CX 下面），否则会使电容损坏（测量前被测电容应先放电）。当测试大电容时，需要长时间才可得到稳定读数。 电容在测试之前要充分放电，将电容两端短接完全放电，以防损坏仪表

序号	测量项目	操作要领
8	电路通断	将开关置于"·))"量程并将表笔跨接在欲检查电路两端，若被检查两点之间电阻值小于 30 Ω 蜂鸣器发出声音，表示电路导通
9	二极管	将开关置于"—►⊦—"挡并将试电笔接到二极管两端。电流正向导通，将显示此二极管的正向压降（500～800 mV），此时红表笔接二极管正极；若被测二极管是坏的，将显示"000"（短路）或"1"（不导电）。二极管的反向检测，如果被测二极管是好的，将显示"1"；损坏，就显示"000"或其他值
10	三极管 h_{FE}	将开关置于 h_{FE} 挡上，先判定晶体管是 NPN 还是 PNP 型的，再将 E、B、C 三脚分别插入面板上方晶体管插座正确的插孔内，此时显示器将显示 h_{FE} 的近似值
11	数据保持	按下 HOID 保持开关，当前数据就会保持在显示器上，弹起保持取消
12	自动断电	当仪表停止使用约 5 min 后，仪表便自动断电进入休眠状态；若重新启动电源，再按两次"POWER"键，就可重新接通电源。 但最好每次用完时手动将万用表电源开关置于"OFF"位置
13	注意事项	1. 当屏幕显示"LO BAT"或"←"时，表示电池电压不足，应考虑更换新电池，否则测量结果不准确。 2. 测量完成，应把电源开关置于"OFF"位置。长时间不使用，应取出电池。 3. 不得在高温、暴晒、潮湿、灰尘等恶劣环境下使用或存放

3. 万用表的选择

表 2.4 所示为两种万用表性能对比，各有优点，一般在高电压大电流的模拟电路测量中适用指针万用表，比如电视机、音响功放。在低电压小电流的数字电路测量中适用数字万用表，比如手机等。但这不是绝对的，可根据情况选用。

表 2.4 两种万用表性能对比

比较参量	指针万用表	数字万用表
读取精度	差	好
电阻挡表笔输出电流	大	小
电压挡测量精度	差	好
频率特性	不均匀	较均匀
过流过压能力	好	差
可控硅测试	方便	不方便

2.2.2　直流稳压电源的使用

直流稳压电源是常用的电子设备，它能保证在电网电压波动或负载发生变化时，输出稳定的电压。一个低纹波、高精度的稳压源在仪器仪表、工业控制及测量领域中有着重要的实际应用价值。

电流稳压电源的使用

一般实训室、实验室使用的直流稳压电源都是开关型稳压电源，常用的多为双路直流稳压电源或三路直流稳压电源，输出电压在 0~30 V 可调，电流在 3 A 左右。

1. 面板功能介绍

图 2.25 所示为某型号直流稳压电源面板。

（1）OUTPUT：打开或关闭输出，输出状态下指示灯亮。

（2）POWER：电源开关。置 ON 电源接通可正常工作，置 OFF 电源关断。

（3）VOLTAGE（SLAVE）：调整 CH2 输出电压。

（4）CURRENT（SLAVE）：调整 CH2 输出电流。

（5）VOLTAGE（MASTER）：调整 CH1 输出电压。

（6）CURRENT（MASTER）：调整 CH1 输出电流。

（7）CV/CC（SLAVE）：当 CH2 输出在稳压状态时，CV 灯（绿灯）亮。在并联跟踪方式或输出在恒流状态时，CC 灯（红灯）亮。

（8）CV/CC（MASTER）：当 CH1 输出在稳压状态时，CV 灯（绿灯）亮。输出在恒流状态时，CC 灯（红灯）亮。

（9）TRACKING：两个键可选择 INDEP（独立）、SERIES（串联）或 PARALLEL（并联）的跟踪模式。

（10）CH1/CH3 显示转换开关：用于选择显示 CH1 或 CH3 两路的输出电压和电流。

（11）"–" 输出端子：每路输出的负极输出端子（黑色）。

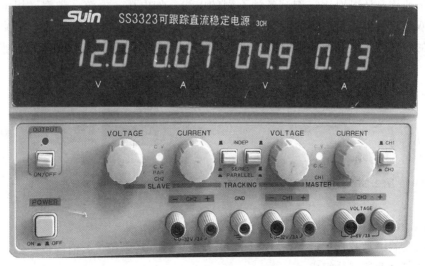

图 2.25　直流稳压电源面板

（12）"+"输出端子：每路输出的正极输出端子（红色）。

（13）GND 端子：大地和电源接地端子（绿色）。

注意：不同厂家不同型号有差异，请以产品说明书为主。

2. 使用方法

下面说明的使用方法，可满足一般使用的需求，如果遇到疑难问题或较复杂的使用，可以仔细阅读产品说明书。

CH1 和 CH2 电源供应器在额定电流时，分别可供给 0~额定值的电压输出。当设定在独立模式时，CH1 和 CH2 为完全独立的两组电源，可单独或两组同时使用。

（1）打开电源 POWER 开关，并确认 OUTPUT 开关置于关断状态。

（2）同时将两个 TRACKING 选择按键按出，将电源供应器设定在独立操作模式。

（3）调整电压和电流旋钮至所需电压和电流值。

（4）将红色测试导线插入输出端的正极。

（5）将黑色测试导线插入输出端的负极。

（6）连接负载后，打开 OUTPUT 开关。

3. 使用注意事项

（1）打开电源开关前先检查市电电源，设定各个控制键：电源开关（POWER）键弹出；电压调节旋钮（VOLTAGE）调至中间位置。电流调节旋钮（CURRENT）调至中间位置。跟踪开关（TRACK）置弹出位置。预热 5 min 后即可使用。如做精密测量需预热30 min。

（2）在使用中，因负载短路或过载引起保护时，应首先断开负载，然后重新开启电源电压（或按"复原"键）即可恢复正常，排除故障后再接入负载。

2.2.3　示波器

示波器是一种用途十分广泛的电子测量仪器。利用它能观察各种不同信号幅度随时间变化的波形曲线，还可以用它测试各种不同的电量，如电压、电流、频率、相位差、调幅度等。用双踪示波器还可以测量两个信号之间的时间差或相位差，显示两个相关函数的图像。常用的示波器主要有两种，模拟示波器和数字示波器，如图 2.26 和图 2.27 所示。

图 2.26　模拟示波器　　　　　图 2.27　数字示波器

1. 模拟示波器

模拟示波器由示波管、电源系统、同步系统、X 轴偏转系统、Y 轴偏转系统、延迟扫描系统、标准信号源等部分组成。

1）面板功能介绍

（1）荧光屏。荧光屏是示波管的显示部分。屏上水平方向和垂直方向各有多条刻度线，指示出信号波形的电压和时间之间的关系。水平方向指示时间，垂直方向指示电压。根据被测信号在屏幕上占的格数乘以适当的比例常数（V/div，t/div）能得出电压值与时间值。

（2）电源（Power）。示波器主电源开关。当此开关按下时，电源指示灯亮，表示电源接通。

（3）辉度（Intensity）。旋转此旋钮能改变光点和扫描线的亮度。观察低频信号时可小些，高频信号时大些，一般不应太亮，以保护荧光屏。

（4）聚焦（Focus）。聚焦旋钮调节电子束截面大小，将扫描线聚焦成最清晰状态。

（5）标尺亮度。此旋钮调节荧光屏后面的照明灯亮度。

（6）垂直偏转因数选择（VOLTS/div）和微调。双踪示波器中每个通道各有一个垂直偏转因数选择波段开关。一般按1、2、5方式从5 mV/div～5 V/div分为10挡。波段开关指示的值代表荧光屏上垂直方向一格的电压值。

每个波段开关上往往还有一个小旋钮，将它沿顺时针方向旋到底，处于"校准"位置，此时垂直偏转因数值与波段开关所指示的值一致。逆时针旋转此旋钮，能够微调垂直偏转因数。垂直偏转因数微调后，会造成与波段开关的指示值不一致，这点应引起注意。

许多示波器具有垂直扩展功能，当微调旋钮被拉出时，垂直灵敏度扩大若干倍（偏转因数缩小若干倍）。例如，如果波段开关指示的偏转因数是1 V/div，采用×5扩展状态时，垂直偏转因数是0.2 V/div。

（7）时基选择（t/div）和微调。时基选择和微调的使用方法与垂直偏转因数选择和微调类似。时基选择也通过一个波段开关实现，按1、2、5方式把时基分为若干挡。波段开关的指示值代表光点在水平方向移动一格的时间值。例如在1 μs/div挡，光点在屏上一格代表时间值1 μs。

"微调"旋钮用于时基校准和微调。沿顺时针方向旋到底处于校准位置时，屏幕上显示的时基值与波段开关所示的标称值一致。逆时针旋转旋钮，则对时基微调。旋钮拔出后处于扫描扩展状态，通常为×10扩展，即水平灵敏度扩大10倍，时基缩小到1/10。例如在2 μs/div挡，扫描扩展状态下荧光屏上水平一格代表的时间值等于2 μs×（1/10）＝0.2 μs。

（8）位移（Position）旋钮。调节信号波形在荧光屏上的位置。旋转水平位移旋钮（标有水平双向箭头）左右移动信号波形，旋转垂直位移旋钮（标有垂直双向箭头）上下移动信号波形。

（9）输入通道选择。输入通道至少有三种选择方式：通道1（CH1）、通道2（CH2）、双通道（DUAL）。选择通道1时，示波器仅显示通道1的信号。选择通道2时，示波器仅显示通道2的信号。选择双通道时，示波器同时显示通道1信号和通道2信号。

（10）输入耦合方式。输入耦合方式有三种选择：交流（AC）、地（GND）、直流（DC）。当选择"地"时，扫描线显示出"示波器地"在荧光屏上的位置。直流耦合用于测定信号直流绝对值和观测极低频信号。交流耦合用于观测交流和含有直流成分的交流信号。在数字电路实验中，一般选择"直流"方式，以便观测信号的绝对电压值。

（11）触发源（Source）选择。要使屏幕上显示稳定的波形，则需将被测信号本身或者与被测信号有一定时间关系的触发信号加到触发电路。触发源选择确定触发信号由何处供给。通常有三种触发源：内触发（INT）、电源触发（LINE）、外触发（EXT）。

内触发使用被测信号作为触发信号，是经常使用的一种触发方式。由于触发信号本身是被测信号的一部分，在屏幕上可以显示出非常稳定的波形。双踪示波器中通道 1 或者通道 2 都可以选作触发信号。

电源触发使用交流电源频率信号作为触发信号。这种方法在测量与交流电源频率有关的信号时是有效的。特别在测量音频电路、闸流管的低电平交流噪声时更为有效。

外触发使用外加信号作为触发信号，外加信号从外触发输入端输入。外触发信号与被测信号间应具有周期性的关系。由于被测信号没有用作触发信号，所以何时开始扫描与被测信号无关。

正确选择触发信号对波形显示的稳定、清晰有很大关系。例如在数字电路的测量中，对一个简单的周期信号而言，选择内触发可能好一些，而对于一个具有复杂周期的信号，且存在一个与它有周期关系的信号时，选用外触发可能更好。

（12）触发耦合（Coupling）方式选择。触发信号到触发电路的耦合方式有多种，目的是为了触发信号的稳定、可靠。这里介绍常用的两种：

AC 耦合又称电容耦合，它只允许用触发信号的交流分量触发，触发信号的直流分量被隔断。通常在不考虑 DC 分量时使用这种耦合方式，以形成稳定触发。但是如果触发信号的频率小于 10 Hz，会造成触发困难。

直流耦合（DC）不隔断触发信号的直流分量。当触发信号的频率较低或者触发信号的占空比很大时，使用直流耦合较好。

（13）触发电平（Level）和触发极性（Slope）。触发电平调节又叫同步调节，它使得扫描与被测信号同步。电平调节旋钮调节触发信号的触发电平。一旦触发信号超过由旋钮设定的触发电平时，扫描即被触发。顺时针旋转旋钮，触发电平上升；逆时针旋转旋钮，触发电平下降。当电平旋钮调到电平锁定位置时，触发电平自动保持在触发信号的幅度之内，不需要电平调节就能产生一个稳定的触发。当信号波形复杂，用电平旋钮不能稳定触发时，用释抑（Hold Off）旋钮调节波形的释抑时间（扫描暂停时间），能使扫描与波形稳定同步。

（14）极性开关用来选择触发信号的极性。拨在"+"位置上时，在信号增加的方向上，当触发信号超过触发电平时就产生触发。拨在"－"位置上时，在信号减少的方向上，当触发信号超过触发电平时就产生触发。触发极性和触发电平共同决定触发信号的触发点。

（15）扫描方式（SweepMode）。扫描有自动（Auto）、常态（Norm）和单次（Single）三种扫描方式。

自动：当无触发信号输入或者触发信号频率低于 50 Hz 时，扫描为自激方式。

常态：当无触发信号输入时，扫描处于准备状态，没有扫描线。触发信号到来后，触发扫描。

单次：单次按钮类似复位开关。单次扫描方式下，按单次按钮时扫描电路复位，此时准备好（Ready）灯亮，触发信号到来后产生一次扫描。单次扫描结束后，准备灯灭。单次扫描用于观测非周期信号或者单次瞬变信号，往往需要对波形拍照。

2）模拟示波器使用方法

（1）寻找扫描光迹。

将示波器 Y 轴显示方式置于"CH1"或"CH2"，输入耦合方式置于"GND"，开机预热后，若在显示屏上不出现光点和扫描基线，可按下列操作去找扫描线：①适当调节亮度旋钮。②触发方式开关置于"自动"。③触发源选择"内触发"。④适当调节垂直、水平旋钮，使扫描光迹位于屏幕中央。若示波器设有"寻迹"按键，可按下"寻迹"按键，判断光迹偏移基线的方向。

（2）调整与自校。

分别调整亮度和聚焦按钮，使光迹的亮度适中、清晰。V/div 置于 0.1 V/div，t/div 置于 0.5 ms/div。用示波器的探极分别接到 CH1 输入端和校准信号（一般为 0.5 V，1 kHz 的方波）输出端。调整电平按钮使波形稳定，再分别调整垂直、水平位移旋钮，波形居中。CH2 通道重复上述过程。

（3）适当调节"扫描速率"开关及" Y 轴灵敏度"开关使屏幕上显示 1~2 个周期的被测信号波形。在测量幅值时，应注意将" Y 轴灵敏度微调"旋钮置于"校准"位置，即顺时针旋到底，且听到关的声音。在测量周期时，应注意将" X 轴扫速微调"旋钮置于"校准"位置，即顺时针旋到底，且听到关的声音，还要注意"扩展"旋钮的位置。

根据被测波形在屏幕坐标刻度上垂直方向所占的格数（div 或 cm）与" Y 轴灵敏度"开关指示值（V/div）的乘积，即可算得信号幅值的实测值。

根据被测信号波形一个周期在屏幕坐标刻度水平方向所占的格数（div 或 cm）与"扫速"开关指示值（t/div）的乘积，即可算得信号周期的实测值。周期的倒数即为测量信号的频率。

（4）测量直流电压：首先将" Y 轴输入耦合"开关置于 GND，触发方式选"自动"，显示水平扫描线，即零电平线；再将" Y 轴输入耦合"开关置于 DC，加被测电压，跳变位移即为直流电压值。

（5）示波器测量交流电压：应将" Y 轴输入耦合"开关置于 AC（如果频率很低，可以在 DC）。

2. 数字示波器

数字示波器是数据采集、A/D 转换、软件编程等一系列的技术制造出来的高性能示波器，如图 2.28 所示。一般支持多级菜单，具有波形触发、存储、显示、测量、波形数据分析处理等独特优点，其使用日益普及。

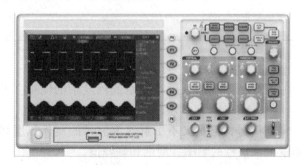

图 2.28　数字示波器　　　　　　　　　　　数字示波器的使用

1）显示区面板说明（详细资料请查看相应仪器说明书）

数字示波器显示区面板如图 2.29 所示，其功能如表 2.5 所示。

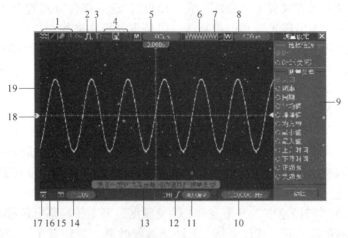

图 2.29　数字示波器显示区面板

表 2.5　数字示波器显示区面板功能

序号	功能	序号	功能
1	示波器设置状态信息	11	当前波形的垂直位置
2	不同采样模式：采集、峰值、平均	12	当前波形的触发类型
3	触发状态	13	弹出式信息提示
4	示波器工具图标	14	触发电平数值
5	主时基读数显示	15	波形是否反相图标
6	主时基视窗	16	20M 带宽限制，变亮说明开启，灰色表示关闭
7	显示扩展窗口在数据内存中的位置和数据长度	17	通道耦合标记
8	扩展窗口（当前波形窗口）时基	18	通道标记
9	操作菜单，对应不同的功能键，菜单显示信息不相同	19	当前波形显示窗口
10	频率计数显示		

2）一般测量方法

一般测量方法可满足一般使用的需要，如果遇到疑难问题或较复杂的使用，可以仔细阅读仪器说明书。

如果需要观测某个电路中的一未知信号，但是又不了解这个信号的具体幅度和频率等参数时，可以按照如下步骤快速测量出该信号的频率、周期和峰峰值。

（1）将示波器探头的开关设定为 10×。

（2）按下 CH1 MENU（CH1 菜单）按钮，调节探头菜单为 10×。

（3）将通道 1（CH1）的探头连接到电路的测试点上。

（4）按下"AUTOSET"按钮。

示波器将自动设置波形到最佳显示效果，在这个基础上，如果要进一步优化波形显示可以手动调整垂直、水平挡位，直到波形显示符合要求。

3）自动测量

示波器可以通过自动测量来显示大多数的信号，要测量信号的频率、周期、峰峰值幅度、上升时间和正频宽等参数，可以按照下面的步骤进行：

（1）按下"测量"按钮，以显示自动测量菜单。

（2）旋转多功能旋钮 V0 选择第一个"未指定"项（红色箭头停留表示选中），按下多功能旋钮或者 F6 按键，进入设置菜单。

（3）进入测量设定目录，选择"信源"CH1，在"测量类型"菜单项中选择测量项，选中该菜单后，反复按压 F3 或 F4 按钮可以选择具体测量项，选中后按"返回菜单"就可以返回测量界面，同时通过 V0 旋钮也可以选择，选中后按下就可以选中测量项并返回，在测量项下对应的方框中可以显示出测量值。

（4）重复第（2）、（3）步，然后可以选择其他测量项目，总共可以显示 8 个测量项。

注意：所有的测量结果都是随着被测信号的改变而改变的。

2.2.4　函数信号发生器

函数信号发生器是一种能提供各种频率、波形和输出电平电信号的设备。在测量各种电信系统或电信设备的振幅特性、频率特性、传输特性及其他电参数时用作测试的信号源或激励源。在生产实践和科技领域中有着广泛的应用。

函数信号发生器
的使用

1. 面板功能介绍

图 2.30 所示为某型号函数信号发生器面板，部分按键功能如下。

（1）【Freq/Period】键：循环选择频率和周期，在校准功能时取消校准。

（2）【Ampl/Offset】键：循环选择幅度和偏移。

（3）【Width/Duty】键：循环选择脉冲宽度和方波占空比或锯齿波对称度。

（4）【FM】【AM】【PM】【PWM】【FSK】【Sweep】【Burst】键：分别选择频率调制、幅度调制、相位调制、脉宽调制、频移键控、频率扫描和脉冲串功能，再按返回连续功能。

（5）【Count/Edit】键：在 A 路用户波形时选择波形编辑功能，其他时候选择频率测量功能，再按返回连续功能。

（6）【Menu】键：菜单键，循环选择当前功能下的菜单选项。

（7）【Shift/Local】键：选择上档键，在程控状态时返回键盘功能。

（8）【Output】键：循环开通和关闭输出信号。

（9）【Sine】【Square】【Ramp】【Pulse】键：上档键，分别快速选择正弦波、方波、锯齿波和脉冲波四种常用波形。

（10）【Waveform】键：上档键，使用波形序号分别选择 16 种波形。

（11）【CHA/CHB】键：上档键，循环选择输出通道 A 和输出通道 B。

（12）【Trig】键：上档键，在频率扫描和脉冲串功能时用作手动触发。

（13）【Cal】键：上档键，选择参数校准功能。

（14）单位键：下排左边五个键的上面标有单位字符，但并不是上档键，而是双功能键，直接按这五个键执行键面功能，如果在数据输入之后再按这五个键，可以选择数据的单位，同时作为数据输入的结束。

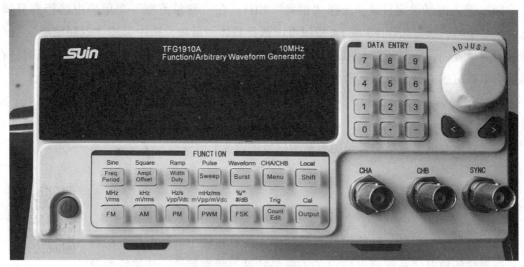

图 2.30　函数信号发生器

2. 使用方法

下面举例说明基本使用方法，可满足一般使用的需要，如果遇到疑难问题或较复杂的使用，可以仔细阅读产品说明书。

（1）通电：打开电源开关，预热 5 min。

（2）选择波形：按下某种波形选择按键，确定波形类型（正弦波、方波、三角波、锯齿波）；如选择方波，按【Shift】【Square】。

（3）调整频率：按下频率选择按键，再输入数字和单位。如果是方波还可设置占空比（先选择占空比功能键【Width/Duty】，再输入占空比数值）；按【<】或【>】键可移动光标闪烁位，左右转动旋钮可使光标闪烁位的数字增大或减小，并能连续进位或借位。光标向左移动可以粗调，光标向右移动可以细调。其他选项数据也都可以使用旋钮调节，以后不再重述。

（4）调整幅度：按下幅度选择按键后，按下数字键输入幅度（用光标移位按键配合），再按下单位选择按键；如设定幅度值为 1.5 Vpp，按【Ampl】键选中"Vpp"，按【1】【.】【5】【Vpp】。

（5）利用信号线将设置好的信号从相应输出端口输出，一般默认 A 路输出。可以按【Shift】【CHA/CHB】键，选中"CHB"选项。

注意：函数信号发生器作为信号源，它的输出端不允许短路。

 任务实施

1. 万用表的使用—跟我练

万用表的使用如表 2.6 所示。

表 2.6　万用表的正确使用

任务 2.2　常用仪器仪表的使用			实施人：
万用表的正确使用			日期：
实践目标	知识目标	1. 了解万用表的面板结构与功能； 2. 掌握万用表的测量方法	
	技能目标	1. 熟练使用万用表测量电阻的方法； 2. 熟练掌握色环法识读电阻值的方法； 3. 掌握用数字万用表测量电压和电流的方法； 4. 会利用数字万用表判断二极管、三极管的极性和好坏	
实践内容	实训工具	数字万用表 1 块，测量用电阻、电容、二极管、三极管若干	
	实训要求	1. 识读、测量指定元件值； 2. 测量指定的电压、电流值； 3. 测量二极管的通断； 4. 测量三极管的放大倍数； 5. 判断三极管类型	
过程问题记录及解决			
注意事项		1. 注意用电安全及操作规范； 2. 测量直流量时注意极性； 3. 禁止带电测量； 4. 测量时不要用手触碰元件引脚； 5. 使用完毕，挡位拨到交流电压最大挡并关机	

2. 直流稳压电源的使用—跟我练

使用直流稳压电源调试出不同的输出电压, 如表 2.7 所示。

表 2.7　直流稳压电源的正确使用

任务 2.2　常用仪器仪表的使用			实施人：
直流稳压电源的正确使用			日期：
实践目标	知识目标	1. 了解直流稳压电源的面板结构与功能； 2. 能描述直流稳压电源的功能	
	技能目标	1. 熟练掌握直流稳压电源的操作方法； 2. 熟练掌握用直流稳压电源产生单一电压和正负双电压输出的方法	
实践内容	实训工具	直流稳压电源 1 台, 数字万用表 1 块	
	实训要求	1. 熟悉直流稳压电源的功能及面板； 2. 配合万用表检测直流稳压电源输出电压是否正确	
过程问题记录及解决			
注意事项		1. 注意用电安全及操作规范； 2. 直流稳压电源输出端不能短接； 3. 输出信号设置期间, 应关闭输出端	

3. 示波器的使用—跟我练

使用示波器测量信号波形, 如表 2.8 所示。

表 2.8　示波器的正确使用

任务 2.2　常用仪器仪表的使用			实施人：
示波器的正确使用			日期：
实践目标	知识目标	1. 了解示波器的面板结构与功能； 2. 能描述示波器的功能和简单测量原理	
	技能目标	1. 熟练使用数字示波器观测指定波形； 2. 熟练掌握用数字示波器测量典型物理量的方法； 3. 学会示波器与直流稳压电源的配合使用	
实践内容	实训工具	模拟示波器、数字示波器各 1 台, 直流稳压电源 1 台, 数字万用表 1 块	
	实训要求	1. 熟悉示波器的功能及面板； 2. 能根据要求用数字示波器观测指定信号并记录测量波形及数据	
过程问题记录及解决			
注意事项		1. 注意用电安全及操作规范； 2. 测量前应进行校准操作； 3. 根据示波器面板上的参数, 注意不要超出测量电压和频率范围； 4. 读取数据时注意衰减因素	

4. 信号发生器的使用—跟我练

使用信号发生器产生各种信号波形，如表 2.9 所示。

表 2.9　信号发生器的正确使用

任务 2.2　常用仪器仪表的使用			实施人：
信号发生器的正确使用			日期：
实践目标	知识目标	1. 了解信号发生器的面板结构与功能； 2. 掌握信号发生器的操作方法	
	技能目标	1. 熟练掌握信号发生器的幅度和频率调节； 2. 熟练掌握信号发生器的使用方法	
实践内容	实训工具	信号发生器 1 台，数字万用表 1 块，示波器 1 台	
	实训要求	1. 熟悉信号发生器的功能及面板； 2. 能根据要求用信号发生器产生指定幅度和频率的波形	
过程问题 记录及 解决			
注意事项	1. 注意用电安全及操作规范； 2. 函数信号发生器输出端口不能短接； 3. 注意区分各种仪器仪表测量物理量的不同：万用表测量的是有效值，示波器显示的是峰峰值，函数信号发生器可以自己设置并显示峰峰值、有效值等		

 自 我 检 测 题

（1）用数字万用表测量电阻时，红表笔接（　　）。

A. COM 插孔　　　　B. "VΩ" 插孔　　　C. "200 mA" 或 "20 A" 插孔

（2）用数字万用表测量 100 kΩ 电阻时，挡位拨到（　　）。

A. 2 k　　　　　　B. 20 k　　　　　　C. 200 k

（3）用数字万用表测量 0.068 μF 电容时，挡位拨到（　　）。

A. 20 nF　　　　　B. 2 μF　　　　　C. 200 μF

（4）用数字万用表测量直流电压时，黑表笔接（　　）。

A. COM 插孔　　　　B. "VΩ" 插孔　　　C. "200 mA" 或 "20 A" 插孔

（5）用数字万用表进行二极管通断测试，红表笔插入（　　）。

A. COM 插孔　　　　　　　　　　B. "200 mA" 或 "20 A" 插孔

C "VΩ" 插孔

（6）能够显示波形的仪器是（　　）。

A. 示波器　　　　　B. 信号发生器　　　C. 电源

（7）能够产生波形的仪器是（　　）。

A. 示波器　　　　　B. 信号发生器　　　C. 电源

（8）万用表交流电压挡测出来的是（　　　）

A. 最大值　　　　　B. 有效值　　　　　C. 峰峰值　　　　　D. 平均值

（9）数字万用表可以测量电阻、电容、电流、电压。　　　　　　　　　　　　（　　）

（10）通过电解电容的两个引脚长短可以判断其正负极。　　　　　　　　　　　（　　）

（11）当挡位拨到蜂鸣挡时，用万用表的两个表笔分别接一个导体的两端，如果万用表示警灯亮起同时发出蜂鸣声，说明两表笔连接处在电路中是断开的。　　　　　　（　　）

（12）测量交流电时，如果发现选择的挡位小于实际测量的电压，直接拨动旋钮进行合适挡位的更换即可。　　　　　　　　　　　　　　　　　　　　　　　　　　　　　（　　）

（13）通过视频可以看出，发光二极管也是有正负极的。　　　　　　　　　　　（　　）

（14）使用直流稳压电源时应先接好负载再打开电源开关调节输出所需电压。　　（　　）

（15）在使用直流稳压电源过程中，因负载短路或过载引起保护时，应首先断开负载，然后重新开启电源电压（或按"复原"键）即可恢复正常，排除故障后再接入负载。

（　　）

（16）在使用直流稳压电源过程中，如需变换"粗调"挡，应先断开负载，待输出电压调到所需值后，再接入负载。　　　　　　　　　　　　　　　　　　　　　　　　（　　）

（17）示波器能够产生波形。　　　　　　　　　　　　　　　　　　　　　　　（　　）

（18）示波器在读数时相应通道微调必须关上读数才准确。　　　　　　　　　　（　　）

（19）直流稳压电源输出端可以短接。　　　　　　　　　　　　　　　　　　　（　　）

（20）函数信号发生器输出端可以短接。　　　　　　　　　　　　　　　　　　（　　）

M 考核评价

考核评价如表 2.10～表 2.13 所示。

表 2.10　考核评价 1

任务 2.2　常用仪器仪表的使用—万用表的正确使用					
班级		姓名		组号	
项目	配分	考核要求	评分细则	扣分记录	得分
学习态度、职业素养	10 分	1. 安全用电； 2. 实训过程物品整洁； 3. 实训完成后及时整理	1. 未及时关掉电源扣 5 分； 2. 物品杂乱扣 3 分； 3. 实训完成未整理桌面扣 5 分		
熟悉面板	10 分	1. 挡位选择； 2. 表笔孔选择	1. 挡位选错扣 5 分； 2. 表笔插错扣 5 分		
测量电阻	20 分	1. 量程选择； 2. 测量步骤及方法； 3. 读数	1. 量程挡位选错扣 5 分； 2. 不能及时调整对量程扣 10 分； 3. 读数不对扣 10 分		

续表

任务 2.2　常用仪器仪表的使用—万用表的正确使用					
班级		姓名		组号	
					扣分记录	得分
项目	配分	考核要求	评分细则	扣分记录	得分
测量电压	20分	1. 量程选择； 2. 测量步骤及方法； 3. 读数	1. 量程挡位选错扣5分； 2. 不能根据读数及时调整对量程扣10分； 3. 读数不对扣10分		
测量电流	20分	1. 量程选择； 2. 测量步骤及方法； 3. 读数	1. 量程挡位选错扣5分； 2. 不能根据读数及时调整对量程扣10分； 3. 读数不对扣10分		
测量放大倍数	20分	1. 量程选择； 2. 测量步骤及方法； 3. 读数	1. 量程挡位选错扣5分； 2. 不能根据读数及时调整对量程扣10分； 3. 读数不对扣10分		
总　分					

表 2.11　考核评价 2

任务 2.2　常用仪器仪表的使用—直流稳压电源的正确使用					
班级		姓名		组号	
项目	配分	考核要求	评分细则	扣分记录	得分
学习态度、职业素养	20分	1. 安全用电； 2. 实训过程物品整洁； 3. 实训完成后及时整理	1. 未及时关掉电源扣5分； 2. 物品杂乱扣3分； 3. 实训完成未整理桌面扣5分		
熟悉面板	20分	了解面板各按键、旋钮功能	不知按键功能一个扣5分		
输出接线	20分	根据输出信号要求选择输出端口	1. 输出端口选错扣10分； 2. 不会调试扣10分		
工作模式	20分	根据输出信号合理选择独立、串联、并联及接地、级联方式	不能选择合适的方式每次扣5分		
数据读取	20分	读取输出电压； 万用表测量电压并与读数比较	读数有错每次扣5分； 万用表测量方式不对每次扣5分		
总　分					

表 2.12　考核评价 3

任务 2.2　常用仪器仪表的使用—示波器的正确使用						
班级		姓名		组号		
					扣分记录	得分
项目	配分	考核要求		评分细则		
学习态度、职业素养	20 分	1. 安全用电； 2. 实训过程物品整洁； 3. 实训完成后及时整理		1. 未及时关掉电源扣 5 分； 2. 物品杂乱扣 3 分； 3. 实训完成未整理桌面扣 5 分		
熟悉面板	30 分	了解面板各按键、旋钮功能		不知按键功能一个扣 5 分		
信号校准	30 分	1. 旋钮拨到校准位置； 2. 正确选择电压（纵轴）和扫描时间（横轴）挡位； 3. 观测校准波形		1. 挡位错扣一处扣 10 分； 2. 不会校准扣 20 分； 3. 不会读数扣 10 分		
测量直流电压	20 分	1. 正确选择 DC/AC； 2. 选择合适的扫描方式； 3. 正确读取直流电压		不能选择合适的方式每次扣 5 分		
总　分						

表 2.13　考核评价 4

任务 2.2　常用仪器仪表的使用—函数信号发生器的正确使用						
班级		姓名		组号		
					扣分记录	得分
项目	配分	考核要求		评分细则		
学习态度、职业素养	20 分	1. 安全用电； 2. 实训过程物品整洁； 3. 实训完成后及时整理		1. 未及时关掉电源扣 5 分； 2. 物品杂乱扣 3 分； 3. 实训完成未整理桌面扣 5 分		
熟悉面板	20 分	了解面板各按键、旋钮功能		不知按键功能一个扣 5 分		
输出正确波形	60 分	按要求输出正确波形		1. 波形选错一次扣 5 分； 2. 幅度选错一次扣 5 分； 3. 频率选错一次扣 5 分		
总　分						

模块 3

常用元器件的识别与检测

课 岗 对 接

电子仪器仪表装配工岗位具体要求：

1. 使用相关仪器和测试装置对半导体器件、光电子器件、电真空器件、机电元件、通用元件及特种元件进行质量检验的人员。

2. 能够依据电子元器件的检验规范标准进行器件的检测。

任务 3.1 通孔元件的识别与检测

专题 3.1.1 电阻元器件的识别与检测

任务描述

作为电路中最常用的器件，电阻器通常简称为电阻。电阻几乎是任何一个电子线路中不可缺少的一种器件，在电路中主要的作用是：缓冲、负载、分压分流、保护等作用。那么如何识别电阻器？如何检测电阻器？下面通过本任务的学习，掌握电阻器的基本知识。

任务目标

素养目标	知识目标	技能目标
1. 培养团队协作能力； 2. 培养学生信息查阅和检索能力； 3. 培养学生认真严谨的学习态度。	1. 掌握各类电阻器的作用和识别方法； 2. 掌握电阻器的分类； 3. 了解电阻器的主要参数。	1. 能识别常见电阻器并说出名称； 2. 了解电阻器的用途； 3. 能用仪表进行检测。

知识链接—跟我学

3.1.1.1 电阻器的识别与检测

1. 电阻器的外形及图形符号

电阻器是电子产品中使用最多的元件之一，它的种类、形状、功率各不相同，通常将电阻器分为固定电阻器、可变电阻器和特殊电阻器。固定电阻器指在任何情况下它的阻值都是固定不变的，可变电阻器是指通过调节可以改变电阻值，特殊电阻器是指电阻器的材料较为特殊，在常态下阻值不变，当外界条件发生改变时（压力、温度等），阻值会发生变化。常见电阻器的图形符号如图3.1所示。

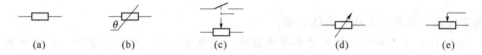

图3.1　常见电阻器的图形符号

（a）普通电阻；（b）热敏电阻；（c）带开关电位器；（d）可变或可调电阻器；（e）电位器

2. 电阻器的分类及主要性能指标

按制作材料不同，电阻器可分为金属膜电阻器、碳膜电阻器、合成膜电阻器等。

按数值能否变化，电阻器可分为固定电阻器、微调电阻器、电位器等。

按用途不同，电阻器可分为高频电阻器、高温电阻器、光敏电阻器、热敏电阻器等。

电阻器的
识别

3. 电阻器的分类—跟我练

利用信息手段查阅不同分类方法的电阻的外形特征图，并填入表3.1中。

表3.1　电阻分类

序号	按材料分	按数值分	按用途分
1	金属膜		
2			
3			

4. 固定电阻器的主要性能参数

电阻器是电子产品中不可缺少的电路元件，使用时应根据其性能参数来选用，电阻器的主要性能参数包括标称阻值、额定功率、允许偏差等。

1）标称阻值

虽然电阻器是由厂家生产出来的，但厂家也不能随意生产任何阻值的电阻器。为了生产、选购和使用的方便，国家规定了电阻器的系列标称阻值，该标称阻值分为 E-24、E-12 和 E-6 三个系列。电阻器的标称阻值如表 3.2 所示。

表 3.2　电阻器的标称阻值

标称阻值系列	允许偏差/%	偏差等级	标称阻值
E-24	±5	Ⅰ	1.0　1.1　1.2　1.3　1.5　1.6　1.8　2.0　2.2　2.4　2.7　3.0 3.3　3.6　3.9　4.3　4.7　5.1　5.6　6.2　6.8　7.5　8.2　9.1
E-12	±10	Ⅱ	1.0　1.2　1.5　1.8　2.2　2.7　3.3　3.9　4.7　5.6　6.8　8.2
E-6	±20	Ⅲ	1.0　1.5　2.2　3.3　4.7　6.8

2）额定功率

电阻器的额定功率是在规定的环境温度和湿度下，假定周围空气不流通，在长期连续负载而不损坏或基本不改变性能的情况下，电阻器上允许消耗的最大功率。当超过额定功率时，电阻器的阻值将发生变化，甚至发热烧毁。为保证安全使用，一般选其额定功率比它在电路中消耗的功率高 1~2 倍，常用的电阻器的额定功率在电路中的表示方法如图 3.2 所示。

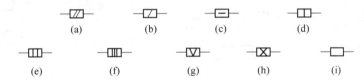

图 3.2　电阻额定功率在电路图中的表示方法

(a) 0.125 W；(b) 0.25 W；(c) 0.5 W；(d) 1 W；(e) 2 W；
(f) 3 W；(g) 5 W；(h) 10 W；(i) 1 W 以下

3）允许偏差

允许偏差是指电阻器的标称阻值与实际阻值之差。在电阻器的生产过程中，由于技术原因，实际阻值与标称阻值之间难免存在偏差，因而规定了一个允许偏差参数，也称为"精度"。

电阻器的允许偏差=(电阻器的实际阻值-电阻器的标称阻值)×100%

常用电阻器的允许偏差分别为±5%、±10%、±20%，对应的精度等级分别为Ⅰ、Ⅱ、Ⅲ级，如表 3.2 所示。

5. 电阻器的标注方法—跟我练

电阻器常用的标注方法有直标法、色标法等。

1）直标法

直标法是指用文字符号（数字和字母）在电阻器上直接标注出标称阻值和偏差的方法。直标法的阻值单位有欧姆（Ω）、千欧（kΩ）和兆欧（MΩ）。

（1）偏差表示方法。

直标法表示偏差一般采用两种方式：一是用罗马数字Ⅰ、Ⅱ、Ⅲ分别表示偏差为±5%、±10%、±20%，如果不标注偏差，则偏差为±20%；二是用字母来表示，字母与阻值偏差对照如表3.3所示，如J、K分别表示偏差为±5%、±10%。

表3.3　字母与阻值偏差对照

字母	允许偏差	字母	允许偏差
W	±0.05%	G	±2%
B	±0.1%	J	±5%
C	±0.25%	K	±10%
D	±0.5%	M	±20%
F	±1%	N	±30%

（2）直标法常见的表示形式。

直标法表示形式一：用"数值+单位+偏差"表示，如图3.3所示。

该直标法虽然四个电阻的偏差表示形式不同，但都表示阻值为12 kΩ，偏差为±10%。

直标法表示形式二：用单位代表小数点表示，如图3.4所示。

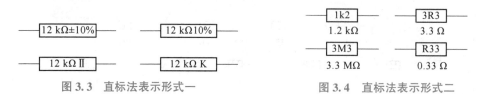

图3.3　直标法表示形式一　　　图3.4　直标法表示形式二

图3.4中电阻器上的1k2表示1.2 kΩ，3M3表示3.3 MΩ，3R3（或3Ω3）表示3.3 Ω，R33（或Ω33）表示0.33 Ω。

跟我练：

试试看读出图3.5所示电阻的阻值和允许偏差值。

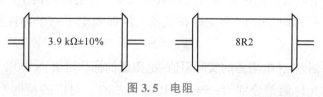

图3.5　电阻

阻值：　　允许偏差：	阻值：　　允许偏差：

直标法表示形式三：用"数值+单位"表示，如图 3.6 所示。

这种表示形式没有标出偏差，表示偏差为 20%，图 3.6 中的电阻器的阻值都为 12 kΩ，偏差为 20%。

直标法表示形式四：用数字直接表示。

一般 1 kΩ 以下的电阻值采用这种形式，12 表示 12 Ω，120 表示 120 Ω。

图 3.6 直标法表示形式三

跟我练：

试试看读出该电阻的阻值和允许偏差值，填入表 3.4 中。

表 3.4 电阻识别

序号	电阻器标识	电阻值	允许偏差
1			
2			
3			
4			

2）色标法

色标法是指在电阻器上标注不同颜色的圆环来表示标称阻值和偏差的方法。图 3.7 中的两组电阻器采用了色环法来标注阻值和偏差，图 3.7（a）电阻器上有四条色环，称为"四环电阻器"；图 3.7（b）电阻器上有五条色环，称为"五环电阻器"，五环电阻器的阻值精度比四环电阻器高。

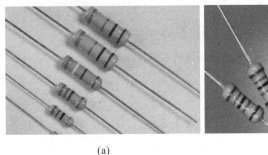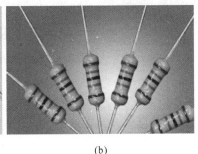

(a)　　　　　　　　　　　　(b)

图 3.7 电阻器的色标法

（a）四环电阻器；（b）五环电阻器

要正确识读色环电阻器的标称阻值和偏差，必须先了解各种色环代表的意义。图 3.8 所示为四环、五环电阻器各色环颜色代表的意义及数值。

四环电阻器的识读过程如下：

（1）判别色环的排列顺序。

四环电阻器的第四条色环为偏差环，一般为金色或银色，因此如果靠近电阻器一个引脚的色环颜色为金色或银色，该色环必为第四环，从该环向另一引脚方向排列的三条色环顺序依次为三、二、一。

对于色环标注的标准电阻器，一般第四环和第三环间隔较远。

（2）识读色环。

按照第一环和第二环为有效数环，第三环为倍乘数环，再对照图 3.8 各色环代表的数字即可识读出色环电阻器的标称阻值和偏差。

图 3.8 中：四环电阻器的阻值为：$22 \times 100 = 2\ 200$（Ω）；

五环电阻器的阻值为：$470 \times 10^4\ \Omega$，偏差为 1%。

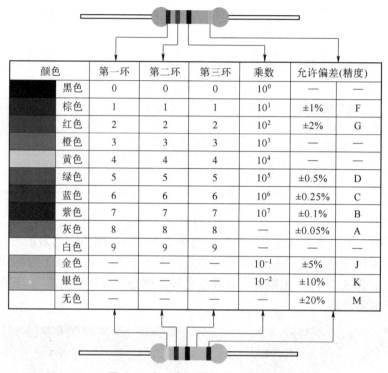

颜色		第一环	第二环	第三环	乘数	允许偏差(精度)	
	黑色	0	0	0	10^0	—	—
	棕色	1	1	1	10^1	±1%	F
	红色	2	2	2	10^2	±2%	G
	橙色	3	3	3	10^3	—	—
	黄色	4	4	4	10^4	—	—
	绿色	5	5	5	10^5	±0.5%	D
	蓝色	6	6	6	10^6	±0.25%	C
	紫色	7	7	7	10^7	±0.1%	B
	灰色	8	8	8	—	±0.05%	A
	白色	9	9	9	—	—	—
	金色	—	—	—	10^{-1}	±5%	J
	银色	—	—	—	10^{-2}	±10%	K
	无色	—	—	—	—	±20%	M

图 3.8　色环电阻器的各环的意义

跟我练：

试试读出电阻的阻值和允许偏差值，填入表 3.5 中。

表 3.5　色环法识别电阻

序号	电阻器标识	电阻值	允许偏差
1			
2			

6. 电阻器的型号命名方法

根据我国有关标准的规定，我国电阻器的型号命名方法如图 3.9 所示。

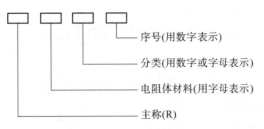

图 3.9 电阻器的型号命名方法

第一部分为主称，用字母 R 表示；第二部分为电阻体材料，用字母表示；第三部分为分类特征，用数字或字母表示；第四部分为序号，用数字表示，以区别外形尺寸和性能参数。

电阻器命名法各部分标识对照如表 3.6 所示。

表 3.6 电阻器命名法各部分标识对照

电阻体材料部分的符号和意义		电阻器分类特征部分的符号和意义			
符号	含义	符号	含义	符号	含义
H	合成碳膜	1	普通	G	高功率
I	玻璃铀膜	2	普通	I	被漆
J	金属膜	3	超高频	J	精密
N	无机实心	4	高阻	T	可调
G	沉积膜	5	高温	X	小型
S	有机实心	6	高湿		
T	碳膜	7	精密		
X	线绕	8	高压		
Y	氧化膜	9	特殊		
F	复合膜				

电阻型号举例：RJ73 型精密金属膜电阻器。

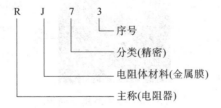

7. 电阻器的检测

固定电阻器的常见故障主要有开路、短路和变值。检测固定电阻器的阻值使用万用表的电阻挡。

1）指针万用表检测固定电阻器

检测时先识读出电阻器上的标称阻值，然后选用合适的挡位并进行欧姆调零，再进行测量，测量时为了减小测量偏差，应尽量让万用表指针指在欧姆刻度线的中央，若指针在刻度线上过于偏左或偏右，应切换更大或更小的挡位重新测量。

以测量一只标称阻值为 2 kΩ 的色环电阻器为例来说明电阻器的检测方法，如表 3.7 所示。

表 3.7　指针万用表检测固定电阻器

步号	操作要领	
1	将万用表的电阻挡开关拨至×100 Ω 倍乘率	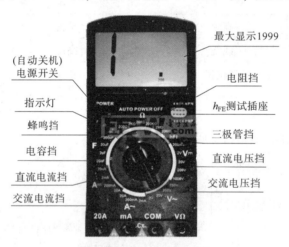
2	将红、黑表笔短路，观察指针是否指在"Ω"刻度线的"0"刻度处；若未指在该处，应调节"欧姆调零"旋钮使指针准确指在"0"刻度处	
3	将红、黑表笔分别接电阻器的两个引脚，再观察指针指在"Ω"刻度线的位置，图中指针指向刻度"20"，那么被测电阻器的阻值为 20×100＝2（kΩ）	

2）数字万用表检测

用数字万用表测量电阻器的阻值前不用校零，将挡位转换开关旋转到适当倍乘率的电阻挡，打开电源开关即可测量。

（1）将黑表笔插入"COM"孔，将红表笔插入"VΩ"孔，如图 3.10 所示。

图 3.10　数字万用表面板

（2）选择适当的电阻量程，将黑表笔和红表笔分别接在电阻两端，注意尽量不要用手同时接触电阻两端，由于人体是一个很大的电阻导体，这样做会影响电阻的测量精确度。

（3）将显示屏上显示数据与电阻量程相结合，得到最后的测量结果。如显示"000"，表示短路；如仅最高位显示"1"，表示断路；若显示值与电阻器上标示值相差很大，则说明该电阻器已损坏，如图 3.11 所示。

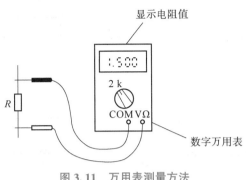

图 3.11　万用表测量方法

跟我练:

分别用色标法和万用表检测法进行如下电阻的测量,并判断好坏,填入表 3.8 中。

表 3.8　判别电阻器好坏和阻值大小

序号	电阻器	色标法读数 电阻值	万用表判别 好坏	万用表测试 步骤和数值
1				
2				
3				
4				

8. 电阻器的作用

1) 限流作用

电阻器在电路中限制电流的通过,电阻值越大电流越小。

在图 3.12 所示发光二极管电路中,R 为"限流电阻"。由欧姆定律 $I = U/R$ 可知,当电压一定时,流过电阻器的电流与其电阻成反比。由于限流电阻 R 的存在,发光二极管 LED 中的电流被限制在 10 mA,保证了 LED 正常工作。

电阻器的作用

2) 分压、分流作用

基于电阻的分压作用,电阻器还可以用做"分压器"。在实际电路中,每个电器的供电电压只有一个且是固定的,而电路中不同工作点通常都需要不同的工作电压,这就需要借助电阻对电源电压进行分压,以满足不同电路工作点对电压的需要。用电阻分压的电路中,电阻通常采用串联的方式进行连接,电阻分压电路如图 3.13 所示。

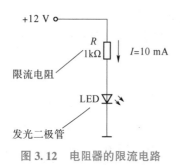

图 3.12　电阻器的限流电路

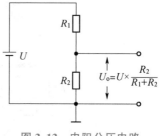

图 3.13　电阻分压电路

当流过一只元器件的电流太大时，可以用一只电阻与之并联，起到分流作用，如图 3.14 所示，符合电流分流公式：$I=I_1+I_2$，这种电阻在电路中一般称为分流电阻。

3）降压作用

电流通过电阻器时必然会产生电压降，电阻值越大电压降越大。在图 3.15 所示的继电器电路中，R 为"降压电阻"。电压降 U 的大小与电阻值 R 和电流 I 的乘积成正比，即 $U=IR$。利用电阻器 R 的降压作用，可以使较高的电源电压适应元器件对工作电压的要求。继电器的工作电压为 6 V，工作电流为 60 mA，而电源电压为 12 V，必须串联一个 100 Ω 的降压电阻 R 后方可正常工作。

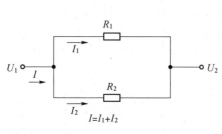

图 3.14　分流作用电路

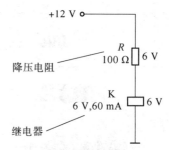

图 3.15　电阻器降压作用电路

跟我练：

通过学过的知识和信息化手段分别判断下列电路中电阻的作用，填入表 3.9 中。

表 3.9　电阻在电路中的作用

序号	电路图	分析电阻器的作用
1	V_{CC}　R 1kΩ　LED	

序号	电路图	分析电阻器的作用
2		
3	$U_2=U_1\times R_2/(R_1+R_2)$	
4		
5		
6		

续表

序号	电路图	分析电阻器的作用
7	C　L　R	
8	V_{CC}　u_i　R　C	

3.1.1.2　电位器

电位器是调节分压比、改变电位的元件，是一种最常用的可调电子元件。电位器是从"可变电阻器"派生出来的，它由一个电阻体和一个转动或滑动系统组成，其动臂的接触刷在电阻体上滑动，即可连续改变动臂与两端间的阻值。常见电位器的实物外形如图 3.16（a）所示，电路符号如图 3.16（b）所示。

(a)　　　　　　　　　　　(b)

图 3.16　电位器的外形图和电路符号

（a）实物外形；（b）电路符号

1. 电位器的结构

电位器的电阻体有两个固定端，通过手动调节转轴或滑柄，改变动触点在电阻体上的位置，则改变了动触点与任一个固定端之间的电阻值，从而改变了电压与电流的大小，电位器的结构如图 3.17 所示。

2. 电位器的工作原理

电位器有 A、C、B 三个引出极，在 A、B 之间连接着一段电阻体，如图 3.18（a）所示，该电阻体的阻值用 R_{AB} 表示，R_{AB} 对于一个电位器是固定不变的，为电位器的标称阻值。C 极连接一个导体滑动片，该导体滑动片与电阻体接触，A 极与 C 极之间电阻体的阻值用 R_{AC} 表示，B 极与 C 极之间电阻体的阻值用 R_{BC} 表示，则有 $R_{AC}+R_{BC}=R_{AB}$。

当转轴逆时针旋转时，滑动片向 B 极滑动，R_{BC} 减小，R_{AC} 增大；当转轴顺时针旋转时，滑动片向 A 极滑动，R_{BC} 增大，R_{AC} 减小；当滑动片移到 A 极时，$R_{AC}=0$，而 $R_{BC}=R_{AB}$，电位器在电路中的电路符号如图 3.18 （b）所示。

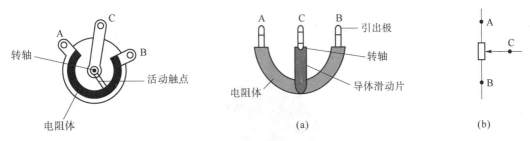

图 3.17　电位器的结构　　　　图 3.18　电位器的原理图和电路符号图

（a）原理示意图；（b）电路符号图

3. 电位器的分类

电位器的种类很多，通常可分为普通电位器、微调电位器、带开关电位器等。

1）普通电位器

普通电位器一般是指带有调节手柄的电位器，常见的有旋转式电位器和直滑式电位器，如图 3.19 所示。

图 3.19　普通电位器

2）微调电位器

微调电位器又称"微调电阻器"，通常是指没有调节手柄的电位器，并且不经常调节，如图 3.20 所示。

3）带开关电位器

带开关电位器是一种将开关和电位器结合在一起的电位器。带开关电位器的实物外形如图 3.21 所示，带开关电位器的图形符号中虚线表示电位器和开关同轴调节。

图 3.20　微调电位器

图 3.21　带开关电位器的实物外形

4. 电位器的主要参数

电位器的主要参数有标称阻值、额定功率和阻值变化特性。

1）标称阻值

标称阻值是指电位器上标注的阻值，该值就是电位器两个固定端之间的阻值。标称阻值通常用数字直接标示在电位器壳体上，如图 3.22 所示。与固定电阻器一样，电位器也有标称阻值系列，电位器采用 E-12 和 E-6 系列。电位器有线绕和非线绕两种类型，对于线绕电位器，允许偏差有±1%、±2%、±5% 和±10%；对于非线绕电位器，允许偏差有±5%、±10% 和±20%。

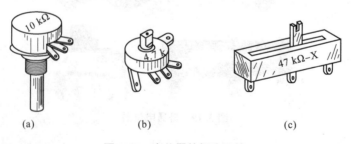

图 3.22　电位器的标称阻值

（a）标称阻值为 10 kΩ；（b）标称阻值为 4.7 kΩ；（c）标称阻值为 47 kΩ-线绕

2）额定功率

额定功率是指在一定的条件下电位器长期使用时允许承受的最大功率。电位器的额定功率越大，允许流过的电流也越大。

电位器的额定功率也要按国家标称系列进行标注，并且对非线绕和线绕电位器的标注有所不同。非线绕电位器的标称系列有 0.025 W、0.05 W、0.1 W、0.25 W、1 W、2 W、3 W、5 W、10 W、20 W 和 30 W 等，线绕电位器的标称系列有 0.25 W、0.5 W、1 W、1.6 W、2 W、3 W、5 W、10 W、16 W、25 W、40 W、63 W 和 100 W 等。从标称系列可以看出，线绕电位器的额定功率可以做得更大。

5. 电位器的检测方法—跟我练

电位器的检测使用万用表的电阻挡。在检测时，先测量电位器两个固定端之间的阻值，正常测量值应与标称阻值一致，再测量一个固定端与滑动端之间的阻值，同时旋转转轴，正常测量值应在 0 到标称阻值范围内变化。若是带开关电位器，还要检测开关是否正常。

电位器的检测分两步，只有每步测量结果均正常才能说明电位器正常。电位器的检测步骤如表 3.10 所示。

表 3.10　电位器的检测步骤

步号	操作要领	结论	图示
1	测量电位器两个固定端之间的阻值。将万用表拨至 $R×1$ kΩ 挡（该电位器标称阻值为 20 kΩ），红、黑表笔分别与电位器的两个固定端接触，如右图所示，然后在刻度盘上读出阻值大小	1. 若电位器正常，则测得的阻值应与电位器的标称阻值相同或相近（在偏差允许的范围内）； 2. 若测得的阻值为 ∞，说明电位器两个固定端之间开路； 3. 若测得的阻值为 0，说明电位器两个固定端之间短路； 4. 若测得的阻值大于或小于标称阻值，说明电位器两个固定端之间的阻体变值	
2	测量电位器一个固定端与滑动端之间的阻值。万用表仍置于 $R×1$ kΩ 挡，红、黑表笔分别与电位器任意一个固定端和滑动端接触，如右图所示，然后旋转电位器转轴，同时观察刻度盘指针	1. 若电位器正常，指针会发生摆动，指示的阻值应在 0~20 kΩ 范围内连续变化； 2. 若测得的阻值始终为∞，说明电位器的固定端与滑动端之间开路； 3. 若测得的阻值为 0，说明电位器的固定端与滑动端之间短路； 4. 若测得的阻值变化不连续、有跳变，说明电位器的滑动端与阻体之间接触不良	

任务实施

色环电阻器测量如表 3.11 所示。

表 3.11　色环电阻器测量

由色环写阻值（四环）				由阻值写色环（四环或五环，写前三环或前四环颜色）			
色环	阻值	色环	阻值	阻值/Ω	色环	阻值/Ω	色环
棕黑黑		红红红		0.5		2.2	
红黄黑		紫黄绿		32		43	
黄黄黄		蓝橙黄		345		3.8	
棕绿棕		黄黄棕		210		7.6	
绿橙黄		绿橙灰		332		5.6	
黄绿橙		蓝黄红		200		10	
红白金		紫红黄		1		2	

自我检测题

（1）某电阻的实体上标识为 2R7J，其表示为（　　　）。

A. 2.7 （1±5%） Ω

B. 27 （1±10%） Ω

C. 2.7 （1±5%） kΩ

D. 0.27 （1±5） Ω

（2）某电阻的实体上标识为 8R2K，其表示为（　　　）。

A. 8.2 （1±10%） Ω

B. 8 （1±2%） Ω

C. 2 （1±5%） kΩ

D. 82 （1±5%） kΩ

（3）75 （1±20%） Ω 的电阻值用色标表示为（　　　）。

A. 紫绿黑

B. 紫绿黑金

C. 紫绿棕红

D. 紫绿黑银

（4）某电阻的实体上标识为 6.2 KΩ Ⅱ表示为（　　　）。

A. 6.2 （1±5%） kΩ

B. 6.2 （1±10%） kΩ

C. 6.2 （1±20%） kΩ

D. 6.2 （1±2%） kΩ

（5）色环标识是橙橙橙金表示元器件的标称值及允许偏差为（　　　）。

A. 33 （1±5%） kΩ

B. 33 （1±5%） Ω

C. 333 （1±10%） Ω

D. 33 （1±10%） kΩ

（6）色环标识是紫黄黄红红表示元器件的标称值及允许偏差为（　　　）。

A. 74.4 （1±2%） Ω

B. 7.41 （1±1%） kΩ

C. 74.4 （1±2%） kΩ

D. 7 442 （1±5%） Ω

（7）简述电阻器的测量方法？如何判别好坏？

（8）简述电位器的测量方法？

 **考核评价**

考核评价如表 3.12 所示。

表 3.12　考核评价

专题 3.1　电阻器的识别与检测						
班级		姓名		组号		
项目	配分	考核要求		评分细则	扣分记录	得分
学习态度、职业素养	20 分	1. 能认真运用信息化手段独立开展学习并有创新性方法。 2. 能够团队协作开展项目学习。 3. 能严谨认真进行实施		1. 直接复制结果扣 20 分。 2. 团队不配合扣 20 分。 3. 查出并直接运用，无创新，扣完 5 分为止。 4. 学习态度应付扣 20 分		
电阻器的识别	20 分	能正确区分不同的电阻器		1. 直接复制扣 20 分。 2. 按要求进行识别，错一处扣 2 分。 3. 能够正确将电阻器的主要参数说出，错一处扣 2 分		
电阻器的检测	30 分	能正确运用指针万用表和数字万用表进行检测并判定好坏		1. 直接复制扣 30 分。 2. 万用表使用不当，扣 10 分。 3. 不能判定好坏的一个扣 5 分		
电位器的识别	10 分	能正确区分不同的电位器		1. 直接复制扣 10 分。 2. 按要求进行识别，错一处扣 2 分。 3. 能够正确将电位器的主要参数说出，错一处扣 2 分		
电位器的检测	20 分	能正确运用万用表进行检测并判定好坏		1. 万用表使用不当扣 10 分； 2. 不能判定好坏的一个扣 5 分		
总　　分						

专题 3.1.2　电容元器件的识别与检测

任务描述

电容器是一种能储存电能的元器件，其在电路中的使用频率仅次于电阻。电容器在电路中主要的作用是：耦合、旁路、隔直、滤波等。那么如何识别电容器？如何检测电容器？下面让我们通过本任务的学习，掌握电容器的基本知识。

任务目标

素养目标	知识目标	技能目标
1. 培养团队协作能力； 2. 培养学生信息查阅和检索能力； 3. 培养学生认真严谨的学习态度。	1. 了解各类电容器及作用； 2. 掌握电容器的分类； 3. 掌握识别和检测电容器的表示方法。	1. 能识别不同种类的电容器； 2. 熟练掌握电容器表示方法； 3. 能用万用表检测电容器的质量。

知识链接—跟我学

3.1.2.1　电容器的基本知识

电容器是最常见的电子器件之一，在电子产品的制作中，也是一种必不可少的重要元件。

1. 电容器的定义

电容器是一种能储存电荷的容器。与电阻器相似，通常简称为电容，用字母 C 表示。广义地说，两片相距很近的金属板中间被某物质（固体、气体或液体）所隔开，就构成了电容器。两片金属板称为电容的极板，中间的物质叫作介质。

电容器的识读
与检测

2. 电容器的单位

电容器的电容量简称容量，基本单位为法拉，用 F 表示。在实用中"法拉"的单位太大，常用单位有毫法（mF）、微法（μF）、纳法（nF）和皮法（pF）等，其换算公式如下：

$1\text{ F} = 10^3\text{ mF} = 10^6\text{ μF} = 10^9\text{ nF} = 10^{12}\text{ pF}$，$1\text{ μF} = 10^{-6}\text{ F}$，$1\text{ nF} = 10^{-9}\text{ F}$，$1\text{ pF} = 10^{-12}\text{ F}$

其中，微法（μF）和皮法（pF）两单位最常用。

电容的容量一般为几个皮法（pF）到几千个微法（μF）。在实际应用时，电容量在 1 万皮法以上的电容器通常用微法作为单位，如 0.047 μF、0.3 μF、2.6 μF、47 μF、220 μF 和 6 800 μF 等。电容量在 1 万皮法以下的电容器通常用皮法作为单位，如 4 pF、78 pF、120 pF、780 pF 和 6 800 pF 等。

3. 电容器的作用

电容器在电路中主要起耦合、旁路、隔直、滤波、移相、延时等作用。其基本特性如下：

（1）电容两端的电压不能突变。向电容中存储电荷的过程，称为"充电"，而电容中的电荷消失的过程，称为"放电"，电容在充电或放电的过程中，其两端的电压不能突变，即有一个时间的延续过程。

（2）通交流，隔直流，通高频，阻低频。

4. 常用电容器的外形与电路符号

电容器的外形各异，常见电容器的外形如图 3.23 所示。

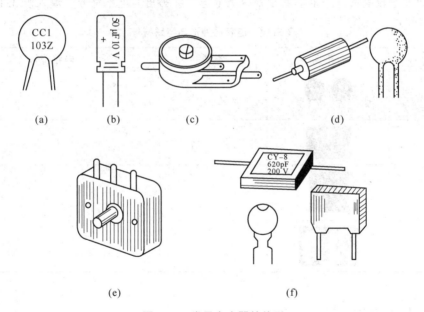

图 3.23 常见电容器的外形

（a）瓷片电容；（b）电解电容；（c）微调电容；（d）钽电容；（e）双联电容；（f）云母电容

电容器的电路符号如图 3.24 所示。

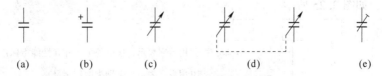

图 3.24 电容器的电路符号

（a）一般符号；（b）极性电容；（c）可变电容；（d）双联同轴可变电容；（e）微调电容

5. 电容器的分类

电容器的种类有很多，可以按表 3.13 来分类。

表 3.13 电容器的分类

按极性分	按结构分	按电解质分	按用途及作用分	按封装外形分
无极性电容器	固定电容器	有机介质电容器	高频电容器	圆柱形电容器
有极性电容器	可变电容器	无机介质电容器	低频电容器	圆片形电容器
	微调电容器	电解电容器	耦合电容器	管形电容器
		液体介质电容器	旁路电容器	叠片电容器
		气体介质电容器	滤波电容器	长方形电容器
			中和电容器	

跟我练：

利用信息手段查阅以下电容属于哪一类电容，并画出其电路符号，填入表 3.14 中。

表 3.14 电容器外形与电路符号

序号	外形图	类型	电路符号
1			
2			
3			
4			

3.1.2.2 电容器的识读

1. 电容器的命名方法

电容器的命名方法与电阻器的命名方法类似，根据我国国家标准规定，电容器的型号由四部分组成，如图 3.25 所示。

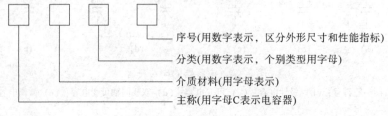

序号(用数字表示，区分外形尺寸和性能指标)

分类(用数字表示，个别类型用字母)

介质材料(用字母表示)

主称(用字母C表示电容器)

图 3.25 电容器的命名方法

电容的材料、分类代号及其意义如表 3.15 所示。

表 3.15　电容的材料、分类代号及其意义

材料		分类				
符号	意义	符号	意义			
			瓷介电容	云母电容	电解电容	有机电容
C	高频陶瓷	1	圆片	非密封	箔式	非密封
Y	云母	2	管形	非密封	箔式	非密封
I	玻璃釉	3	叠片	密封	烧结粉液体	密封
O	玻璃膜	4	独石	密封	烧结粉固体	密封
J	金属化纸	5	穿心	—	—	穿心
Z	纸介	6	支柱	—	—	—
B	聚苯乙烯等非极性有机薄膜	7	—	—	无极性	—
BF	聚四氟乙烯非极性有机薄膜	8	高压	高压	—	高压
L	聚酯涤纶有机薄膜	9	—	—	特殊	特殊
Q	漆膜	10	—	—	卧式	卧式
H	纸膜复合	11	—	—	立式	立式
D	铝电解质	12	—	—	—	无感式
A	钽电解质	G	高功率			
N	铌电解质	W	微调			
T	低频陶瓷					

电容器的型号命名如图 3.26 所示。

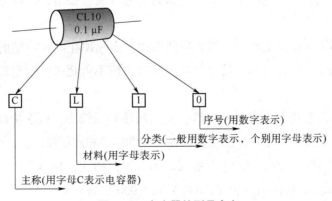

图 3.26　电容器的型号命名

跟我练:

根据电容的命名方法说出表 3.16 中的电容属于哪一类电容,并填入表格中。

表 3.16　电容器的命名

序号	型号	类型
1	CT1	
2	CA30	
3	CD10	

2. 电容的主要性能参数

1) 标称容量和允许偏差

电容的标称容量是指在电容器上所标注的容量。电容器的标称容量系列与电阻器采用的系列基本相同,但不同种类的电容器会使用不同系列,如电解电容使用的是 E9 系列。

实际容量与标称容量之间有偏差,偏差允许范围称为允许偏差。允许偏差的大小标志着电容器的精度。电容器的容量偏差分为 8 级,如表 3.17 所示。一般电容器常用 Ⅰ 、Ⅱ 、Ⅲ级,电解电容器常用Ⅳ、Ⅴ、Ⅵ级。

表 3.17　电容器的容量偏差级别

级别	01	02	I	II	III	IV	V	VI
允许偏差	±1%	±2%	±5%	±10%	±20%	+20%/−10%	+50%/−20%	50%/−30%

2) 额定工作电压与击穿电压

电容的额定工作电压又称电容的耐压,它是指电容器在线路中长期可靠的工作而不被击穿所承受的电压值,单位用伏特 (V) 表示。电容器的耐压以直流为基础,如在交流或脉冲电流工作,其交流电压的峰值与直流电压的总和不得超过额定直流工作电压。有时,电容的耐压会标注在电容器的外表面上。

当电容两极之间所加的电压达到某一数值时,电容就会被击穿,该电压叫作电容的击穿电压。

电容的耐压通常为击穿电压的一半。在使用中,实际加在电容两端的电压应小于额定电压;在交流电路中,加在电容上的交流电压的最大值不得超过额定电压,否则,电容会被击穿。

通常电解电容的容量较大 (μF 量级),但其耐压相对较小,极性接反后耐压更小,很容易烧坏,所以在使用中一定要注意电解电容的极性连接和耐压要求。

电容器常用的额定直流工作电压系列为 6.3 V、10 V、16 V、25 V、40 V、63 V、100 V、160 V、250 V、400 V、500 V、630 V 和 1 000 V 等。

3）漏电流及绝缘电阻

由于电容器中的介质并非完全的绝缘体，因此任何电容器工作时都存在漏电流。漏电流过大，会使电容器发热，性能变坏，甚至失效。

电容的绝缘电阻是指电容两极之间的电阻，也称为电容的漏电阻。理想情况下，电容的绝缘电阻应为无穷大，在实际情况下，电容的绝缘电阻一般在 $10^8 \sim 10^{10}$ Ω，通常电解容的绝缘电阻小于无极性电容。

电容的绝缘电阻与漏电流成反比。漏电流越大，绝缘电阻越小；绝缘电阻越大，表明电容器的漏电流越小，质量也越好。若绝缘电阻变小，则漏电流增大，损耗也增大，严重时会影响电路的正常工作。

3. 电容器的标注方法

1）直标法

直标法是指在电容器的表面直接用数字或字母标注标称容量、额定电压及允许偏差等主要技术参数的方法，主要用在体积较大的电容器上。若电容器上未标注偏差，则默认为 ±20% 的偏差。当电容器的体积很小时，有时仅标注标称容量一项。有时因面积小而省略单位，但存在这样的规律，如果小数前面为 0 时，则单位为 μF，小数前不为 0 时，则单位为 pF。偏差也用Ⅰ、Ⅱ、Ⅲ级来表示。直标法如图 3.27 所示。

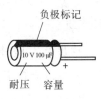

图 3.27　直标法

例如：47 μF/16 V，表示电容量是 47 μF，额定电压是 16 V；

220 μF/50 V，表示电容量是 220 μF，额定电压是 50 V。

跟我练：

读出表 3.18 所示电容的电容量和额定电压。

表 3.18　电容器的标注——直标法

电容				
电容量				
额定电压				

2）文字符号法

用阿拉伯数字和文字符号两者有规律组合，在电容器上标出其主要参数的方法称文字符号法。

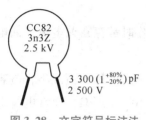

图 3.28 文字符号标注法

具体规定为：用文字符号表示电容的单位（如：n 表示 nF，p 表示 pF，μ 表示 μF 或用 R 表示 μF 等），电容容量（用阿拉伯数字表示）的整数部分写在电容单位前面，小数部分写在电容单位后面；凡为整数（一般为 4 位）又无单位标注的电容，其单位默认为 pF；凡用小数又无单位标注的电容，其单位默认为 μF。允许偏差用文字符号来表示。文字符号标注法如图 3.28 所示。

例如：P33 表示容量是 0.33 pF 的电容；

2200 表示容量是 2 200 pF 的电容；

1P5J 表示容量是 1.5 pF，允许偏差为 ±5% 的电容；

6n8K 表示容量是 6 800 pF，允许偏差为 ±5% 的电容。

跟我练：

读出表 3.19 中用文字符号法表示的电容量，或者根据电容量，用文字符号法表示出来，并填入表格中。

表 3.19　电容器的标注—文字符号法

文字符号表示	电容量
P82	
6n8	
2μ2	
	0.56 μF
	3 800 pF
	3R3

3）数码表示法

用 3 位数码表示电容容量的方法称为数码表示法。数码按从左到右的顺序，第一、第二位为有效数，第三位表示倍乘，即表示有效值后"零"的个数。电容量的单位是 pF，偏差用文字符号表示，如图 3.29 所示。

注意：用数码表示法表示电容的容量时，若第三位数码是"9"，则表示 10^{-1}，而不是 10^9。

例如：标注为 332 的电容，其容量为 $33 \times 10^{-2} = 3\,300$（pF）。

标注为 479 的电容，其容量为 $47 \times 10^{-1} = 4.7$（pF）。

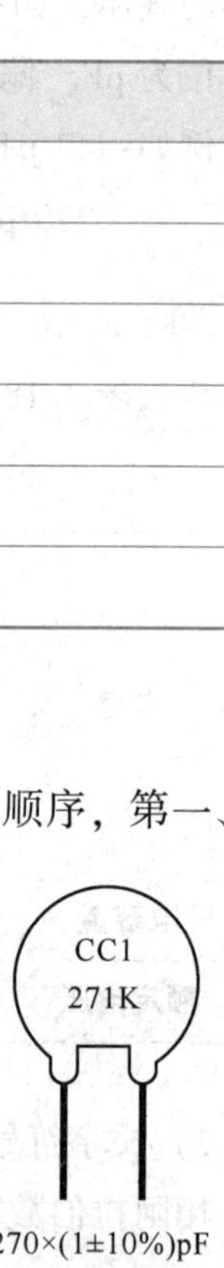

CC1
271K

270×(1±10%)pF

图 3.29　数码表示法

跟我练：

读出表 3.20 中用数码表示法表示的电容量，或者根据电容量，用数码表示法表示出来，并填入表格中。

表 3.20　电容器的标注——数码表示法

数码表示	电容量
103	
224	
329	
	0.47 μF
	5 600 pF
	0.1 μF

4）色标法

用不同颜色的色环或色点表示电容器主要参数的标注方法称为色标法，其单位是皮法（pF），在小型电容器上用得比较多。色标法的具体含义与电阻器类似。

注意：电容器读色码的顺序规定为，从元件的顶部向引脚方向读，即顶部为第一环，靠引脚的是最后一环。色环颜色的规定与电阻的色标法相同。

图 3.30 所示为电容器的色标示意图，图 3.30（a）是 $15×10^4$ pF $=0.15$ μF；图 3.30（b）是 $22×10^4$ pF $=0.22$ μF。

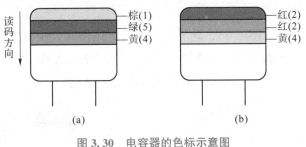

图 3.30　电容器的色标示意图

（a）0.15 μF；（b）0.22 μF

4. 常用电容

1）瓷介电容器

瓷介电容器用陶瓷做介质，在陶瓷基体两面喷涂银层，然后烧成银质薄膜做极板。瓷介电容属无机介质电容器，具有结构简单、体积小、稳定性高和高压性能好的特点。根据陶瓷成分不同可分为高频瓷介电容器（CC）和低频瓷介电容器（CT）。瓷介电容器的外形如图 3.31 所示。

2）云母电容器

云母电容器（CY）以云母片为介质，用金属箔或者在云母片上喷涂银层做电极。其特

图 3.31　瓷介电容器的外形

点是介质损耗小，绝缘电阻大、温度系数小、电容精确度高、体积较大。其外形如图 3.32 所示。

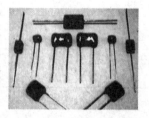

图 3.32　云母电容器（CY）的外形

3）独石电容器

独石电容器实际上是一种瓷介电容器，陶瓷材料以钛酸钡为主，由若干片印有电极的陶瓷膜叠放起来烧结而成。它外形具有独石形状，相当于若干个小陶瓷电容并联，容量大、体积小，是小型陶瓷电容器。它具有电容量大、体积小、可靠性高、电容量稳定、耐湿性好等优点。其外形如图 3.33 所示。

4）玻璃釉电容器

玻璃釉电容（CI）采用钠、钙、硅等粉末按一定比例混合压制成薄片为介质，并在各自薄片上涂覆银层，若干薄片加在一起进行熔烧，再在端面上焊上引线，最后再涂以防潮绝缘漆制成。其稳定性较好，损耗小。其外形如图 3.34 所示。

图 3.33　独石电容器的外形　　　　　　　图 3.34　玻璃釉电容器外形

5）有机薄膜电容器

薄膜电容属于有机介质电容器，主要有涤纶薄膜电容、聚苯乙烯薄膜电容和聚丙烯薄膜电容。

涤纶电容（CL）又称聚酯电容，介质是涤纶薄膜，和纸介电容器一样有两种，一种是以金属箔和涤纶薄膜卷绕而成，另一种是金属化涤纶电容。金属化涤纶电容除具有"自愈"

功能外，在焊接成引线前，需在电容器芯子两端分别喷上一层金属薄层，增加引出线与电极接触面（不是从金属膜一端引出电极），可以消除卷绕带来的电感。其具有体积小、无感的特点。

聚苯乙烯电容（CB）的介质是聚苯乙烯薄膜，特点：损耗小，绝缘电阻高，但是温度系数较大，体积较大，可用于高频电路。

聚丙烯电容（CBB）的介质是聚丙烯薄膜，主要性能与聚苯相似但体积小，稳定性略差。

薄膜电容器由于具有很多优良的特性，因此是一种性能优良的无极性电容器，绝缘阻抗很高，频率特性优良（频率响应宽），而且介质损失很小。有机薄膜电容的外形如图 3.35 所示。

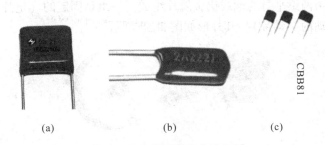

图 3.35　有机薄膜电容的外形

(a) 涤纶电容（CL）；(b) 聚苯乙烯电容（CB）；(C) 聚丙烯电容（CBB）

6）电解电容器

以金属氧化膜为介质，以金属和电解质为电极（金属为阳极，电解质为阴极）的电容器称为电解电容器。

电解电容器是目前用得较多的大容量电容器，它体积小、耐压高（一般耐压越高，体积也就越大），其介质为正极金属片表面上形成的一层氧化膜。其负极为液体、半液体或胶状的电解液。因其有正负极之分，故只能工作在直流状态下，如果极性相反，将使漏电流剧增，在此情况下电容器将会急剧变热而损坏，甚至会引起爆炸。一般厂家会在电容器的表面上标出正极或负极，新买来的电容器引脚长的一端为正极。

目前铝电解电容器（CD）用得较多，钽、铌、钛电解电容器相比其漏电流小、体积小，但成本高，通常用在性能要求较高的电路中。铝电解电容器价格便宜，适用于滤波和旁路。钽电解电容器（CA）可靠性高，性能好，但价格贵，适用于高性能指标的电子设备。铝电解电容器的外形如图 3.36 所示，钽电解电容器的外形如图 3.37 所示。

图 3.36　铝电解电容器（CD）的外形

图 3.37　钽电解电容器（CA）的外形

5. 可调电容

1）单联可变电容

单联可变电容由两组平行的铜或铝金属片组成，一组是固定的（定片），另一组固定在转轴上，是可以转动的（动片）。其外形如图 3.38 所示。

图 3.38　单联可变电容的外形

2）双联可变电容

双联可变电容是由两个单联可变电容组合而成，有两组定片和两组动片，动片连接在同一转轴上。调节时，两个可变电容的电容量同步调节。其外形如图 3.39 所示。

图 3.39　双联可变电容的外形

3）空气可变电容

空气可变电容的定片和动片之间电介质是空气。其外形如图 3.40 所示。

4）有机薄膜可变电容

有机薄膜可变电容的定片和动片之间填充的电介质是有机薄膜。其特点是体积小、成本低、容量大、温度特性较差等。其外形如图 3.41 所示。

图 3.40　空气可变电容的外形　　　　图 3.41　有机薄膜可变电容的外形

5）微调电容

微调电容又叫半可调电容，电容量可在小范围内调节。部分微调电容器的实物图如图 3.42 和图 3.43 所示。

图 3.42 微调电容

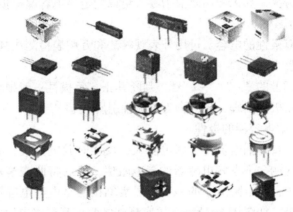

图 3.43 部分微调电容器的实物图

3.1.2.3 电容器的检测

1. 电容的常见故障

1）电路开路故障

这种情况是指电容的引脚在内部断开的情况，表现为电容两电极端的电阻无穷大，且无充、放电的故障现象。

2）电容击穿故障

电容击穿是指电容两极板之间的介质（绝缘物质），其绝缘性被破坏，介质变为导体的情况，表现为电容两极板之间的电阻变为零的故障现象。

3）电容漏电故障

当电容使用时间过长，电容受潮或介质的质量不良时，电容内部的介质绝缘性能变差，导致电容的绝缘电阻变小、漏电流过大的故障现象。

电容出现故障后，即失去电容的作用，影响电路的正常工作。

2. 固定电容的测量

先进行外观检查，外形应完好无损，引线不应松动。

1）容量在 0.01 μF 以上固定电容的检测

将指针万用表调至 $R \times 10$ k 欧姆挡，并进行欧姆调零，然后，观察万用表指示电阻值的变化。

若表笔接通瞬间，万用表的指针向右微小摆动，然后又回到无穷大处，调换表笔后，再次测量，指针也应该向右摆动后返回无穷大处，可以判断该电容正常；

若表笔接通瞬间，万用表的指针摆动至"0"附近，可以判断该电容被击穿或严重漏电；

若表笔接通瞬间，指针摆动后不再回至无穷大处，可判断该电容器漏电；

若两次万用表指针均不摆动，可以判断该电容已开路。

2）容量小于 0.01 μF 的固定电容的检测

检测 0.01 μF 以下的小电容，因电容容量太小，用万用表进行测量只能检查其是否有漏电、内部短路或击穿现象。测量时选用万用表 R×10 k 挡，将两表笔分别任意接电容的两个引脚，阻值应为无穷大。如果测出阻值为零，可以判定该电容漏电损坏或内部击穿。

3. 电解电容的检测

电解电容是一种有极性的电容，可用外表观察法和万用表检测法判断电解电容的极性。

1）正负极的判别

根据电解电容外壳上的"+""–"号，判断其正、负极性；或根据电解电容引脚的长短来判断，长引脚为正极性引脚，短引脚为负极性引脚。

2）万用表判断电解电容器的极性

根据电解电容器正接时漏电流小、漏电阻大，反接时漏电流大、漏电阻小的特点可判断其极性。用万用表先测一下电解电容器的漏电阻值，然后将两表笔对调一下，再测一次漏电阻值。两次测试中，漏电阻值小的一次，黑表笔接的是电解电容器的负极，红表笔接的是电解电容器的正极，如图 3.44 所示。每次测试之前，都要将电解电容器的两引脚短接放电。

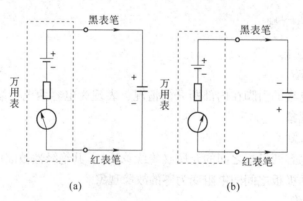

图 3.44　用万用表判断电容器极性

（a）漏电阻大；（b）漏电阻小

在实际使用中，电解电容的漏电电阻相对较小，在 200～500 kΩ，若小于 200 kΩ，说明漏电较严重。

用万用表检测电解电容极性时，将万用表的两表笔接电解电容的两个引脚，测出电阻值；再将两表笔反接，再测一次；电阻大的一次黑表笔接的是电解电容的正极。

4. 微调电容和可变电容的检测

首先观察可变电容器的动片和定片有无松动，然后把万用表调到最高电阻挡，将两表笔接在定片和动片上。性能良好的微调电容和可变电容，其定片和动片之间的电阻应在 $10^8 \sim 10^{10}$ Ω 或以上；若测量电阻较小，说明定片好、动片之间有短路故障；缓慢旋转电容的动片，若出现指针跳动的现象，说明可变电容在指针跳动的位置有碰片故障。

5. 用数字万用表检测电容

数字万用表测量电容的电容量，并不是所有电容都可测量，要依据数字万用表的测量挡位来确定。

用数字万用表测量电容的电容量具体方法是将数字万用表置于电容挡，根据电容量的大小选择适当挡位，待测电容充分放电后，将待测电容直接插到测试孔内或两表笔分别直接接触进行测量，如图 3.45 所示。数字万用表的显示屏上将直接显示出待测电容的容量。如果显示"000"，则说明该电容器已短路损坏；如果仅显示"1"，则说明该电容器已断路损坏；如果显示值与标称值相差很大，则说明电容器漏电失效，不易使用。

图 3.45　用数字万用表测量电容器

自我检测题

（1）指出下列电容的标称容量、允许偏差及识别方法。

5n1；　　　　　103 J；　　　　2P2；

339K；　　　　R56K。

（2）下列符号标识表示什么意义？

CT81-0.22-1.6 KV　　　　　　　　CY2-100-100 V

CD2-6.8-16 V　　　　　　　　　　CZ32

CJ48　　　　　　　　　　　　　　CB14

（3）怎样用指针万用表检测电容器的好坏？

（4）如何用指针万用表判断电解电容的"+"和"−"极？

考核评价

考核评价如表 3.21 所示。

表 3.21 考核评价

专题 3.1.2 电容器的识别与检测					
班级		姓名		组号	
				扣分记录	得分
项目	配分	考核要求	评分细则		
学习态度、职业素养	20 分	1. 能认真运用信息化手段独立开展学习并有创新性方法； 2. 能够团队协作开展项目学习； 3. 能严谨认真进行实施	1. 直接复制结果扣 20 分； 2. 团队不配合扣 20 分； 3. 查出并直接运用，无创新，扣完 5 分为止； 4. 学习态度应付扣 20 分		
电容器的识别	20 分	能正确区分不同的电容器	1. 直接复制扣 20 分； 2. 按要求进行识别，错一处扣 2 分； 3. 能够正确将电容器的主要参数说出，错一处扣 2 分		
电容器的检测	30 分	能正确运用指针万用表和数字万用表进行检测并判定好坏	1. 直接复制扣 30 分； 2. 万用表使用不当，扣 10 分； 3. 不能判定好坏的一个扣 5 分		
可调电容器的识别	10 分	能正确区分不同的电容器	1. 直接复制扣 10 分； 2. 按要求进行识别，错一处扣 2 分； 3. 能够正确将电位器的主要参数说出，错一处扣 2 分		
可调电容器的检测	20 分	能正确运用万用表进行检测并判定好坏	1. 万用表使用不当，扣 10 分； 2. 不能判定好坏的一个扣 5 分		
总　分					

专题 3.1.3　电感器的识别与检测

任务描述

电感器多指电感线圈，简称电感，是一种常用的电子元器件，具有自感、互感、对高频阻抗大、对低频阻抗小等特性，被广泛应用在振荡、退耦、滤波等电子电路中，起选频、退耦、滤波等作用。那么如何识别电感器？如何检测电感器？下面让我们通过本任务的学习，掌握电感器的基本知识。

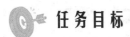
任务目标

素养目标	知识目标	技能目标
1. 培养团队协作能力； 2. 培养学生信息查阅和检索能力； 3. 培养学生认真严谨的学习态度。	1. 了解各类电感器及它们的作用； 2. 掌握电感器的分类； 3. 掌握识别和检测电感器的方法。	1. 能识别常见电感器并说出名称； 2. 熟练掌握电感器的表示方法； 3. 能用万用表检测电感器的质量。

知识链接—跟我学

3.1.3.1　电感器的基本知识

1. 电感器的基本概念

电感器是一种常用的电子元件，电感器和电容器一样，也是一种储能元件，它能把电能转变为磁场能，并在磁场中储存能量。导线中有电流时，其周围即建立磁场。

通常我们把导线绕成线圈，以增强线圈内部的磁场。电感线圈简称电感，俗称线圈，就是据此把导线（漆包线、纱包线或裸导线）一圈靠一圈（导线间彼此互相绝缘）地绕在绝缘管（绝缘体、铁芯或磁芯）上制成的。它经常和电容器一起工作，构成 LC 滤波器、LC 振荡器等。另外，人们还利用电感的特性，制造了阻流圈、变压器、继电器等。电感器用文字符号 L 表示。

电感器的识读
与检测

2. 电感器的单位

电感器的感量基本单位为亨利，用 H 表示。在实际应用中，亨利的单位太大，常用单位毫亨（mH）、微亨（μH）和纳亨（nH）等表示，其换算关系如下：

$$1\text{ H} = 10^3\text{ mH} = 10^6\text{ μH} = 10^9\text{ nH}$$

3. 电感器的作用

在电路中，电感器具有阻碍交流通过，而让直流电顺利通过的特性。在电路里起阻流、变压、传送信号的作用。电感器的应用范围很广泛，它在调谐、振荡、耦合、匹配、滤波、延迟、补偿及偏转聚焦等电路中都是必不可少的。在收音机、扩音机、电视机以及电子设备中，我们常会看到用各种漆包线或纱包线绕制的线圈，这种线圈就是电感器。

4. 常用电感器的外形与电路符号

常用电感器的外形如图 3.46 所示。

图 3.46 常用电感器的外形

在电路原理图中，电感常用符号"*L*"或"*T*"表示，不同类型的电感在电路原理图中通常采用不同的符号来表示，如图 3.47 所示。

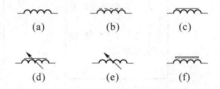

图 3.47 不同类型的电感符号

（a）空心电感；（b）铁氧体磁芯电感；（c）铁芯电感；（d）磁芯可调电感；（e）空心可调电感；（f）铜芯电感

5. 电感器的分类

电感器的种类很多，分类的方法也不同。

（1）按电感的形式可分为固定电感器、可变电感器和微调电感器。

（2）按磁体的性质可分为空心线圈和磁芯线圈。

（3）按用途可分为天线线圈、振荡线圈、低频扼流线圈和高频扼流线圈。

（4）按耦合方式可分为自感应线圈和互感应线圈。

（5）按结构可分为单层线圈、多层线圈和蜂房式线圈等。

3.1.3.2 电感器的识读

1. 电感器的命名方法

根据我国国家标准规定，电感器的命名由名称、特征、型号和区别序号 4 部分组成，如图 3.48 所示。

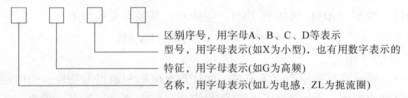

区别序号，用字母 A、B、C、D 等表示

型号，用字母表示(如 X 为小型)，也有用数字表示的

特征，用字母表示(如 G 为高频)

名称，用字母表示(如 L 为电感，ZL 为扼流圈)

图 3.48 电感线圈的命名方法

特征：一般用 G 表示高频，低频一般不标。

型号：用字母或数字表示，X—小型；1—轴向引线（卧式）；2—同向引线（立式）。

区别序号：用字母表示，一般不标。

例如：LG1-A-63μH±10%表示高频卧式电感器，额定电流为 50 mA，电感量为63 μH，偏差为±10%。

2. 电感的主要性能参数

1）标称电感量与允许偏差

电感器工作能力的大小用电感量来表示。电感量 L 也称作自感系数，是表示电感元件自感应能力的一种物理量。当通过一个线圈的磁通（即通过某一面积的磁力线数）发生变化时，线圈中便会产生电势，这是电磁感应现象。所产生的电势称感应电势，电势大小正比于磁通变化的速度和线圈匝数。当线圈中通过变化的电流时，线圈产生的磁通也要变化，磁通掠过线圈，线圈两端便产生感应电势，这便是自感应现象。自感电势的方向总是阻止电流变化的，犹如线圈具有惯性，这种电磁惯性的大小就用电感量 L 来表示。L 的大小与线圈匝数、尺寸和导磁材料均有关，采用硅钢片或铁氧体作线圈铁芯，可以较小的匝数得到较大的电感量。实际的电感量常用 mH（毫亨）和 μH（微亨）作单位。

电感量的允许偏差是电感量实际值与标称值之差除以标称值所得的百分数。对振荡线圈的要求较高，允许偏差为 0.2%～0.5%；对耦合阻流线圈要求则较低，一般在 10%～15%。电感器的标称电感量和偏差的常见标注方法有直标法和色标法，标注方式类似于电阻器的标注方法。目前大部分国产固定电感器将电感量、偏差直接标在电感器上。

2）感抗 X_L

感抗 X_L 在电感元件参数表上一般查不到，但它与电感量、电感元件的分类、品质因数 Q 等参数密切相关，在分析电路中也经常需要用到，故这里专门做些介绍。前已述及，由于电感线圈的自感电势总是阻止线圈中电流变化，故线圈对交流电有阻力作用，阻力大小就用感抗 X_L 来表示，单位是欧姆。X_L 与线圈电感量 L 和交流电频率 f 成正比，计算公式为

$$X_L = 2\pi fL$$

不难看出，线圈通过低频电流时 X_L 小；通过直流电时 X_L 为零，仅线圈的直流电阻起阻力作用，因电阻一般很小，所以近似短路；通过高频电流时 X_L 大，若 L 也大，则近似开路。线圈的此种特性正好与电容相反，所以利用电感元件和电容器就可以组成各种高频、中频和低频滤波器，以及调谐回路、选频回路和阻流圈电路等。

3）品质因数 Q

在电感线圈中，储存能量与消耗能量的比值称为品质因数，也称 Q 值。品质因数 Q 是表示线圈质量的一个物理量，Q 为感抗 X_L 与其等效电阻的比值，即 $Q = 2\pi L/R$。线圈的 Q 值越高，回路的损耗越小，电路效率越高。线圈的 Q 值与导线的直流电阻、骨架的介质损耗、屏蔽罩或铁芯引起的损耗、高频趋肤效应的影响等因素有关。线圈的 Q 值通常为几十到几百。采用磁芯线圈，多股粗线圈均可提高线圈的 Q 值。

4）分布电容与直流电阻

线圈的匝与匝间、线圈与屏蔽罩间、线圈与底板间存在的电容被称为分布电容。又由于线圈是由导线绕制成的，所以导线有一定的直流电阻，这样，一个实际的电感线圈可等效成一个理想电感与电阻串联后再与电容并联的电路，如图 3.49 所示。

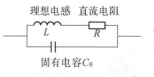

图 3.49 电感线圈的等效图

分布电容的存在使线圈的 Q 值减小，稳定性变差，因而线圈的分布电容越小越好。采用分段绕法可减少分布电容，加粗导线可减小直流电阻。

5）额定电流

额定电流是指电感器正常工作时，允许通过的最大电流。若工作电流大于额定电流，则电感器会因发热而改变参数，严重时会烧毁。通常用字母 A、B、C、D、E 表示其额定电流的大小，分别表示额定电流值为 50 mA、150 mA、300 mA、700 mA、1 600 mA。

3. 电感器的标注方法

1）直标法

将电感器的主要参数，如电感量、偏差值、额定电流等用文字直接标注在外壳上。其中允许偏差常用 Ⅰ、Ⅱ、Ⅲ级来表示，分别代表允许偏差为 ±5%、±10%、±20%。例如 3.9 mH. A 表示电感量 3.9 mH、额定电流为 A 挡（50 mA），主要用于国产电感器。

跟我练：

试读出图 3.50 所示电感的电感量、允许偏差和额定电流。

图 3.50　直标法

电感量：	允许偏差：	额定电流：

跟我练：

试读出表 3.22 中相应电感的电感量。

表 3.22　电感器的标注——直标法

序号	电感器标识	电感量
1	330 μH	
2	LG1—C 680 μH	
3	3 mH	

2）文字符号法

文字符号法是将电感的标称值和偏差值用数字和文字符号法按一定的规律组合标示在电感体上。采用文字符号法表示的电感通常是一些小功率电感，单位通常为 nH 或 μH。用 μH 作单位时，"R"表示小数点；用"nH"作单位时，"N"表示小数点。

例如：4R7 表示电感量 4.7 μH，6N8 表示电感量 6.8 nH。

跟我练：

试读出表 3.23 中相应电感的电感量。

表 3.23 电感器的标注——文字符号法

序号	电感器标识	电感量
1	R91	
2	2R2	
3	R47	

3）色标法

色标法是在电感表面涂上不同的色环来代表电感量（与电阻类似），通常用三个或四个色环表示。识别色环时，紧靠电感体一端的色环为第一环，露出电感体本色较多的另一端为末环。数字与颜色的对应关系同色标电阻，默认单位为微亨（μH）。色标法如图 3.51 所示。

图 3.51 色标法

跟我练：

试写出表 3.24 中用色标法表示的电感的电感量和允许偏差。

表 3.24 电感器的标注——色标法

序号	电感器标识	电感量	允许偏差
1	棕棕黑银		
2	红橙棕金		

4）数码表示法

数码表示法是用三位数字来表示电感量的方法，常用于贴片电感。三位数字中，从左至右的第一、第二位为有效数字，第三位数字表示有效数字后面所加"0"的个数，默认单位为微亨（μH）。

例如：标示为"330"的电感为 $33 \times 10^0 = 33$（μH）。

4. 常用电感器

1）小型固定电感线圈

小型固定电感线圈是将线圈绕制在软磁铁氧体的基础上，然后再用环氧树脂或塑料封装起来制成的。小型固定电感线圈外形结构主要有立式和卧式两种。其工作频率为 10 ~ 200 MHz，如图 3.52 所示。

2）空心线圈

空心线圈是用导线直接绕制在骨架上制成的。线圈内没有磁芯或铁芯，通常线圈绕的匝数较少，电感量小，如图 3.53 所示。

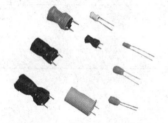
图 3.52　小型固定电感线圈

图 3.53　空心线圈

3）扼流圈

扼流圈常有低频扼流圈和高频扼流圈两大类。

（1）低频扼流圈。

低频扼流圈又称滤波线圈，一般由铁芯和绕组等构成，如图 3.54 所示。

（2）高频扼流圈。

高频扼流圈用在高频电路中，主要起阻碍高频信号通过的作用，如图 3.55 所示。

图 3.54　低频扼流圈

图 3.55　高频扼流圈

4）可变电感线圈

可变电感线圈通过调节磁芯在线圈内的位置来改变电感量，如图 3.56 所示。

5）印刷电感器

印刷电感器又称微带线，常用在高频电子设备中，它是由印制电路板上一段特殊形状的铜箔构成的，如图 3.57 所示。

图 3.56　可变电感线圈

图 3.57　印刷电感器

3.1.3.3　变压器的基本知识

变压器实质上也是一种电感器，它利用两个电感线圈靠近时的互感原理传递交流信号，在电路中，变压器主要用来提升或降低交流电压，或变换阻抗等，在电子产品中是十分常用的元器件。

1. 变压器的分类

变压器按工作频率的高低可分为低频变压器、中频变压器、高频变压器。

1）低频变压器

低频变压器又分为音频变压器和电源变压器两种，它主要用在阻抗变换和交流电压变换上。音频变压器的主要作用是实现阻抗匹配、耦合信号、将信号倒相等，因为只有在电路阻抗匹配的情况下，音频信号的传输损耗及其失真才能降到最小；电源变压器是将220 V交流电压升高或降低，变成所需的各种交流电压，如图 3.58 所示。

图 3.58　低频变压器

2）中频变压器

中频变压器是超外差式收音机和电视机中的重要元件，又叫中周。中周的磁芯和磁帽是用高频或低频特性的磁性材料制成的，低频磁芯用于收音机，高频磁芯用于电视机和调频收音机。中周的调谐方式有单调谐和双调谐两种，收音机多采用单调谐电路。中周有

TFF-1、TFF-2、TFF-3 等型号为收音机所用；10TV21、10LV23、10TS22 等型号为电视机所用。中频变压器的适用频率范围从几千赫兹到几十兆赫兹，在电路中起选频和耦合等作用，很大程度上决定了接收机的灵敏度、选择性和通频带，如图 3.59 所示。

图 3.59　中频变压器

3）高频变压器

高频变压器又分为耦合线圈和调谐线圈两类。调谐线圈与电容可组成串、并联谐振回路，用于选频等作用。天线线圈、振荡线圈等都是高频线圈，如图 3.60 所示。

图 3.60　高频变压器

4）脉冲变压器

脉冲变压器用于各种脉冲电路中，其工作电压、电流等均为非正弦脉冲波。常用的脉冲变压器有电视机的行输出变压器、行推动变压器、开关变压器、电子点火器的脉冲变压器、臭氧发生器的脉冲变压器等，如图 3.61 所示。

5）自耦变压器

自耦变压器的绕组为有抽头的一组线圈，其输入端和输出端之间有电的直接联系，不能隔离为两个独立部分，如图 3.62 所示。

图 3.61　脉冲变压器

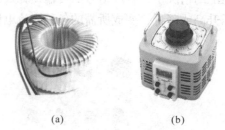

（a）　　　　　　（b）

图 3.62　自耦变压器

（a）固定式；（b）可调式

6）隔离变压器

隔离变压器的主要作用是隔离电源、切断干扰源的耦合通路和传输通道，其一次、二次绕组的匝数比（即变压比）等于 1。它又分为电源隔离变压器和干扰隔离变压器，如图 3.63 所示。

(a)   (b)

图 3.63 隔离变压器

（a）电源隔离变压器；（b）干扰隔离变压器

2. 变压器的主要技术参数

1）变压比

变压比是指变压器初级电压与次级电压的比值，或初级线圈匝数与次级线圈匝数的比值。

2）额定功率

指在规定的频率和电压下，变压器能长期工作而不超过规定温升的最大输出功率。额定功率中会有部分无功功率，故单位用伏安（V·A），而不用瓦（W）表示。

3）效率

指在额定负载时变压器的输出功率和输入功率的比值，即

$$效率(\eta) = \frac{输出功率(P_o)}{输入功率(P_i)} \times 100\%$$

4）绝缘电阻

表征变压器绝缘性能的一个参数，是施加在绝缘层上的电压与漏电流的比值，包括绕阻之间、绕阻与铁芯及外壳之间的绝缘阻值。由于绝缘电阻很大，一般只能用兆欧表（或万用表的 $R \times 10$ kΩ 挡）测量其阻值。如果变压器的绝缘电阻过低，在使用中可能出现机壳带电甚至将变压器绕组击穿烧毁。

3. 变压器的命名方法

变压器型号的命名方法由三部分组成：

第一部分：主称，用字母表示；

第二部分：功率，用数字表示，计量单位用伏安（V·A）或瓦（W）表示，但 RB 型变压器除外；

第三部分：序号，用数字表示。

变压器型号中主称部分字母表示的意义如表 3.25 所示。

表 3.25 变压器型号中主称部分字母表示的意义

字母	意义	字母	意义
DB	电源变压器	HB	灯丝变压器
CB	音频输出变压器	SB 或 ZB	音频（定阻式）输送变压器
RB	音频输入变压器	SB 或 EB	音频（定压式或自耦式）变压器
GB	高频变压器		

3.1.3.4　电感和变压器的检测

1. 电感的检测

准确测量电感线圈的电感量 L 和品质因数 Q，可以使用万能电桥或 Q 表。采用具有电感挡的数字万用表来检测电感很方便。电感是否开路或局部短路，以及电感量的相对大小可以用万用表做出粗略检测和判断。

1）外观检测

检测电感时先进行外观检查，看线圈有无松散，引脚有无折断，线圈是否烧毁或外壳是否烧焦等现象。若有上述现象，则表明电感已损坏。

2）万用表电阻检测法

用万用表的欧姆挡检测线圈的直流电阻。电感的直流电阻值一般很小，匝数多、线径细的线圈能达几十欧；对于有抽头的线圈，各引脚之间的阻值均很小，仅有几欧姆。

将万用表置于 $R \times 1$ 挡，红、黑表笔各接电感器的任一引出端，此时指针应向右摆动。测量的电阻值极小（理想电感的电阻很小，近乎为零），指针指示接近为 0，则说明电感器是好的；若指针不动，测量电阻值为无穷大，则说明电感器已断路；若指针指示不定，说明电感器内部接触不良。对于有金属屏蔽罩的电感器线圈，还需检查它的线圈与屏蔽罩间是否短路；对于有磁芯的可调电感器，螺纹配合要好。

2. 变压器的检测

1）气味判断法

在严重短路性损坏变压器的情况下，变压器会冒烟，并会放出高温烧绝缘漆、绝缘纸等的气味。因此，只要能闻到绝缘漆烧焦的味道，就表明变压器正在烧毁或已烧毁。

2）外观检测法

用眼睛或借助放大镜，仔细查看变压器的外观，看其是否引脚断路、接触不良；包装是否损坏，骨架是否良好；铁芯是否松动等。往往较为明显的故障，用观察法就可判断出来。

3）万用表检测

变压器的检测主要是测试变压器的直流电阻和绝缘电阻。

（1）直流电阻检测。

由于变压器的直流电阻很小，所以一般用万用表的 $R \times 1\ \Omega$ 挡来测绕组的电阻值，可判断绕组有无短路或断路现象。对于某些晶体管收音机中使用的输入、输出变压器，由于它们体积相同、外形相似，一旦标志脱落，直观上很难区分，此时可根据其线圈直流电阻值进行区分。一般情况下，输入变压器的直流电阻值较大，初级多为几百欧，次级多为 1~200 Ω；输出变压器的初级多为几十欧到上百欧，次级多为零点欧到几欧。

（2）绝缘电阻的检测。

变压器各绕组之间以及绕组和铁芯之间的绝缘电阻可用 500 V 或 1 000 V 兆欧表（摇

表）进行测量。根据不同的变压器，选择不同的摇表。一般电源变压器和扼流圈应选用 1 000 V摇表，其绝缘电阻应不小于 1 000 MΩ；晶体管输入变压器和输出变压器用 500 V 摇表，其绝缘电阻应不小于 100 MΩ。若无摇表，也可用万用表的 "$R\times10\ \text{k}\Omega$" 挡，测量时，表头指针应不动（相当电阻为∞），否则说明有漏电或短路现象。

 自我检测题

（1）根据电感器的命名规则，在括号中写出下列名称代表的含义。

①LG1-B-47　μH±10%，表示（　　　　　　　　）。

②TTF-2，表示（　　　　　　）。

③DB-60-2，表示（　　　　　　）。

（2）电感器的电感量大小主要决定于什么？电感的单位是什么？

（3）电感的主要故障有哪些？

（4）如何检测电感和变压器的好坏？

考核评价

考核评价如表 3.26 所示。

表 3.26　考核评价

专题 3.1.3　电感器的识别与检测					
班级		姓名		组号	
项目	配分	考核要求	评分细则	扣分记录	得分
学习态度、职业素养	20 分	1. 能认真运用信息化手段独立开展学习并有创新性方法；2. 能够团队协作开展项目学习；3. 能严谨认真进行实施	1. 直接复制结果扣 20 分；2. 团队不配合扣 20 分；3. 查出并直接运用，无创新，扣完 5 分为止；4. 学习态度应付扣 20 分		
电感器的识别	20 分	能正确区分不同的电感器	1. 直接复制扣 20 分；2. 按要求进行识别，错一处扣 2 分；3. 能够正确将电感器的主要参数说出，错一处扣 2 分		
电感器的检测	30 分	能正确运用指针万用表和数字万用表进行检测并判定好坏	1. 直接复制扣 30 分；2. 万用表使用不当扣 10 分；3. 不能判定好坏的一个扣 5 分		
变压器的识别	10 分	能正确区分不同的变压器	1. 直接复制扣 10 分；2. 按要求进行识别，错一处扣 2 分；3. 能够正确将变压器的主要参数说出，错一处扣 2 分		
变压器的检测	20 分	能正确运用万用表进行检测并判定好坏	1. 万用表使用不当，扣 10 分；2. 不能判定好坏的一个扣 5 分	.	
总　分					

专题 3.1.4　半导体二极管的识别与检测

任务描述

　　半导体二极管，简称二极管，是电路中最常用、最简单的半导体器件。二极管最大的特点是单向导电性，在电路中主要起稳压、整流、检波、开关、光/电转换等作用。那么如何识别二极管？如何检测二极管？下面让我们通过本任务的学习，掌握二极管的基本知识。

任务目标

1. 培养团队协作能力；
2. 培养学生信息查阅和检索能力；
3. 培养学生认真严谨的学习态度。

1. 掌握各类二极管的作用和识别方法；
2. 掌握二极管的分类；
3. 掌握二极管的主要参数。

1. 能识别各种类型的二极管；
2. 熟练掌握二极管的极性判断方法；
3. 能用万用表检测各种二极管。

知识链接—跟我学

3.1.4.1　半导体的基本知识

半导体是一种导电能力介于导体和绝缘体之间的物质，常用的半导体有硅、锗、硒及大多数金属氧化物。半导体器件具有体积小、质量轻、用电省、寿命长、工作可靠等一系列优点，应用十分广泛。常见的半导体器件有半导体二极管、晶体三极管、场效应管和集成电路等。

3.1.4.2　半导体二极管的基本知识

1. 二极管的基本概念

半导体二极管简称二极管，是由一个 PN 结、电极引线和外加密封的外壳组成的。其中与 P 区相连的引线为正极，与 N 区相连的引线为负极，如图 3.64 所示。

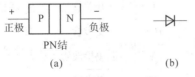

图 3.64　二极管的结构与符号

二极管的识读与检测

（a）结构；（b）符号

二极管的主要特性是单向导电性，也就是在正向电压的作用下，导通电阻很小；而在反向电压作用下，导通电阻极大或无穷大。无论什么型号的二极管，都有一个正向导通电压，低于这个电压时，二极管就不能导通。二极管在电路中通常起整流、稳压、隔离、检波、开关、光/电转换、极性保护、编码控制、调频调制和静噪等作用。

2. 二极管的命名方法

按国家标准 GB/T 249—2017，半导体二极管的型号命名由 5 部分组成，如图 3.65 所示。

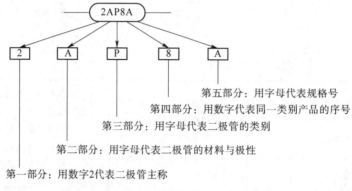

图 3.65　二极管的命名方法

国标规定半导体二极管的型号及含义如表 3.27 所示。

表 3.27　国标规定半导体二极管的型号及含义

第一部分：主称		第二部分：材料与极性		第三部分：类别		第四部分：序号	第五部分：规格号
数字	含义	字母	含义	字母	含义		
2	二极管	A	N 型锗材料	P	普通管	用数字表示同一类别产品的序号	用字母表示产品规格挡次
				W	稳压管		
				L	整流堆		
		B	P 型锗材料	N	阻尼管		
				Z	整流管		
				U	光电管		
		C	N 型硅材料	K	开关管		
				D/C	变容管		
				V	混频检波管		
		D	P 型硅材料	JD	激光管		
				S	隧道管		
				CM	磁敏管		
		E	化合物材料	H	恒流管		
				Y	体效应管		
				EF	发光二极管		

跟我练：

试说出表 3.28 中所表示的半导体二极管的类型。

表 3.28　半导体二极管的类型

序号	半导体器件	类型
1	2AP9	
2	2AP10	
3	2CZ10	
4	2CU2C	

3. 二极管的分类

（1）二极管按结构可分为点接触型和面接触型两种。

点接触型二极管的结电容小，正向电流和允许加的反向电压小，常用于检波、变频等电路，如图 3.66（a）所示。面接触型二极管的结电容较大，正向电流和允许加的反向电压较大，主要用于整流等电路。面接触型二极管中用得较多的一类是平面型二极管，平面型二极管可以通过更大的电流，在脉冲数字电路中用做开关管，如图 3.66（b）所示。

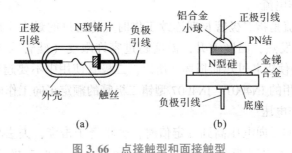

图 3.66　点接触型和面接触型
（a）点接触型；（b）面接触型

（2）二极管按材料可分为锗二极管和硅二极管。

锗管与硅管相比，具有正向压降低（锗管 0.1~0.3 V，硅管 0.5~0.7 V）、反向饱和、漏电流大、温度稳定性差等特点。

（3）二极管按用途可分为普通二极管、整流二极管、开关二极管、发光二极管、变容二极管、稳压二极管、隧道二极管、光电二极管等。

4. 常见二极管的外形

常见二极管的外形及电路符号如表 3.29 所示。

表 3.29　常见二极管的外形及电路符号

类型	电路符号	外形图
普通二极管	▷⊢	

续表

类型	电路符号	外形图
稳压二极管		
发光二极管		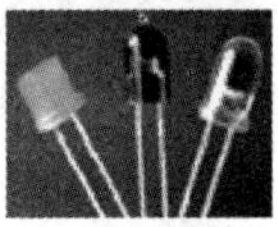
光电二极管		
变容二极管	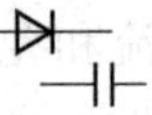	

5. 二极管的主要参数

1）额定正向工作电流

额定正向工作电流是指二极管长期连续工作时允许通过的最大正向电流值。因为电流通过管子时会使管芯发热，温度上升，温度超过容许限度（硅管为 140 ℃左右，锗管为 90 ℃左右）时，就会使管芯过热而损坏，所以，二极管使用中不要超过二极管额定正向工作电流值。例如，常用的 IN4001、IN4007 型锗二极管的额定正向工作电流为 1 A。

2）最高反向工作电压

加在二极管两端的反向电压高到一定值时，会将管子击穿，失去单向导电能力。为了保证使用安全，规定了最高反向工作电压值。例如，IN4001 二极管反向耐压为 50 V，IN4007 反向耐压为 1 000 V。

3）反向电流

反向电流是指二极管在规定的温度和最高反向电压作用下，流过二极管的反向电流。反向电流越小，管子的单方向导电性能越好。反向电流与温度有着密切的关系，温度大约每升高 10 ℃，反向电流增大一倍。故温度上升到某一值时，二极管不仅失去了单方向导电特性，还会使管子过热而损坏。硅二极管比锗二极管在高温下具有较好的稳定性。

4）最高工作工作频率

最高工作频率指二极管在保持良好工作性能条件下的最高工作频率。

6. 常用二极管的简介

1）整流二极管

整流二极管主要用于整流电路，即把交流电变换成脉动的直流电。其外形如图 3.67 所示。整流二极管为面接触型，其结电容较大，因此工作频率范围较窄（3 kHz 以内）。常用的型号有 2CZ 型、2DZ 型等，还有用于高压和高频整流电路的高压整流堆，如 2CGL 型、DH26 型、2CL51 型等。

2）检波二极管

检波二极管其主要作用是把高频信号中的低频信号检出，为点接触型，其结电容小，一般为锗管。其外形如图 3.68 所示。检波二极管常采用玻璃外壳封装，主要型号有 2AP 型和 1N4148（国外型号）等。

图 3.67　整流二极管的外形

图 3.68　检波二极管的外形

3）稳压二极管

稳压二极管也叫稳压管，它是用特殊工艺制造的面结型硅半导体二极管，其特点是工作于反向击穿区，实现稳压；其被反向击穿后，当外加电压减小或消失，PN 结能自动恢复而不至于损坏。稳压管主要用于电路的稳压环节和直流电源电路中，常用的有 2CW 型和 2DW 型。

4）光电二极管

光电二极管又称光敏二极管。和稳压管一样，其 PN 结也工作在反偏状态。其特点是：无光照射时其反向电流很小，反向电阻很大；当有光照射时，其反向电阻减小，反向电流增大。光电二极管常用在光电转换控制器或光的测量传感器中，其 PN 结面积较大，是专门为接收入射光而设计的。光电二极管在无光照射时的反向电流叫作暗电流，有光照射时的电流叫作光电流（或亮电流）。其典型产品有 2CU、2DU 系列。

5）发光二极管

发光二极管简写为 LED。它通常用砷化镓或磷化镓等材料制成，当有电流通过时便会发出一定颜色的光。按发光的颜色不同发光二极管可分为红色、黄色、绿色、蓝色、变色和红外发光二极管等。一般情况下，通过 LED 的电流在 $10\sim30$ mA，正向压降为 $1.5\sim3$ V。LED 可用直流、交流、脉冲等电源驱动，但必须串接限流电阻 R。LED 能把电能转换成光能，广泛应用在音响设备、数控装置、微机系统的显示器上。

6）变容二极管

变容二极管是利用 PN 结加反向电压时，PN 结此时相当于一个结电容。反偏电压越大，PN 结的绝缘层越宽，其结电容越小。如 2CB14 型变容二极管，当反向电压在 $3\sim25$ V 变化时，其结电容在 $20\sim30$ pF 变化。它主要用在高频电路中作自动调谐、调频、调相等，如在彩色电视机的高频头中作电视频道的选择。

3.1.4.3　二极管的识读与检测

1. 外观判别二极管的极性

二极管的正、负极性一般都标注在其外壳上。有时会将二极管的图形直接画在其外壳上，如图 3.69（a）所示。

对于二极管引线是轴向引出的，则会在其外壳上标出色环（色点），有色环（色点）的一端为二极管的负极端，如图 3.69（b）所示。

若二极管引线是同向引出的，其判断如图 3.69（c）所示。

若二极管是透明玻璃壳，则可直接看出极性，即二极管内部连触丝的一端为正极。

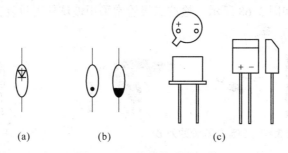

图 3.69　二极管的引脚极性

2. 用万用表检测极性

1）极性的判别

用万用表判别普通二极管极性及质量好坏，将万用表置于 $R\times1$ k 挡，调零后用表笔分别正接、反接于二极管的两端引脚，如图 3.70 所示，这样可分别测得大、小两个电阻值。其中较大的是二极管的反向阻值，如图 3.70（b）所示；较小的是二极管的正向阻值，如图 3.70（a）所示。故测得正向阻值时，与黑表笔相连的是二极管的正极（万用表置欧姆挡时，黑表笔连接表内电池正极，红表笔连接表内电池负极）。

判断二极管的好坏，关键是看它有无单向导电性能，正向电阻越小，反向电阻越大的二极管的质量越好。如果一个二极管正、反向电阻值相差不大，则必为劣质管。如果正、反向电阻值都是无穷大或都是零，则二极管内部已断路或已被击穿短路。

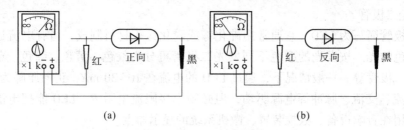

图 3.70　二极管测试

（a）正向特性；（b）反向特性

2）硅管和锗管的判别

硅管和锗管在特性上有很大不同，使用时应加以区别。我们知道，硅管和锗管的 PN 结正向电阻是不一样的，即硅管的正向电阻大，锗管的小。利用这一特性就可以用万用表来判别一只晶体管是硅管还是锗管。

判别方法如下：

将万用表拨到 $R\times100$ 挡或 $R\times1$ k 挡。测量二极管时，万用表的正端接二极管的负极，负端接二极管的正极，如果万用表的指针指示在表盘的右端或靠近满刻度的位置上（即阻值较小），那么所测的管子是锗管；如果万用表的指针在表盘的中间或偏右一点的位置上（即阻值较大），那么所测的管子是硅管。

3. 用数字万用表检测二极管

1）极性的判别

将数字万用表置于二极管挡，红笔插入"VΩ"插孔，黑表笔插入"COM"插孔，这时红表笔接表内电源正极，黑表笔接表内电源负极。将两只表笔分别接触二极管的两个电极，如果显示溢出符号"1"，说明二极管处于截止状态；如果显示 1 V 以下，说明二极管处于正向导通状态，此时与红表笔相接的是管子的正极，与黑表笔相接的是管子的负极。

2）好坏的测量

量程开关和表笔插法同上，当红表笔接二极管的正极，黑表笔接二极管的负极时，显示值在 1 V 以下；当黑表笔接二极管的正极，红表笔接二极管的负极时，显示溢出符号"1"，表示被测二极管正常。若两次测量均显示溢出，则表示二极管内部断路。若两次测量均显示"000"，则表示二极管已击穿电路。

3）硅管与锗管的测量

量程开关和表笔插法同上，红表笔接被测二极管的正极，黑表笔接负极，若显示电压在 0.5～0.7 V，说明被测管为硅管；若显示电压在 0.1～0.3 V，说明被测管为锗管，如图 3.71 所示。用数字万用表测二极管时，不宜用电阻挡测量，因为数字万用表电阻挡所提供的测量电流太大，而二极管是非线性元件，其正、反电阻与测试电流的大小有关，所以用数字万用表测出来的电阻值与正常值相差极大。

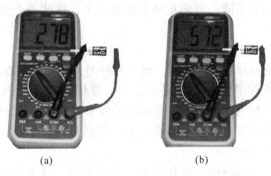

图 3.71　数字万用表检测二极管

(a) 锗管；(b) 硅管

4. 稳压二极管的检测

稳压二极管的极性的判别与普通二极管的判别方法相同。

稳压二极管的测量原理：由于万用表 $R \times 1$ k 挡的内电池电压较小，通常不会使普通二极管和稳压二极管击穿，所以测出的反向电阻都很大。当万用表转换到 $R \times 10$ k 挡时，万用表内电池电压变得很大，使稳压二极管出现反向击穿现象，所以其反向电阻下降很多；由于普通二极管的反向击穿电压比稳压二极管高得多，因而普通二极管不击穿，其反向电阻仍然很大。

稳压二极管的极性和性能好坏的测量与普通二极管的判别方法相似，不同之处在于：使用万用表的 $R \times 1$ k 挡测量二极管时，测得其反向电阻是很大的，此时，将万用表转换到 $R \times 10$ k 挡，如果反向电阻值减小很多，则该二极管为稳压二极管；如果反向电阻基本不变，说明该二极管是普通二极管，而不是稳压二极管。

注意：稳压二极管在电路中应用时，必须串联限流电阻，避免稳压二极管进入击穿区后，电流超过其最大稳定电流而被烧毁。

5. 发光二极管的检测

1）外观极性判别

发光二极管多采用透明树脂封装，管心下部有一个浅盘，观察里面金属片的大小，管内电极宽大的引脚为负极，另一引脚为正极。也可从管身形状和引脚的长短来判断。通常，靠近管身侧向小平面的电极为负极，另一端引脚为正极；新管子（未剪引脚）长引脚为正极，短引脚为负极。

2）发光二极管好坏的判断

对发光二极管的检测方法主要采用万用表的 $R×10\text{ k}$ 挡，其测量方法及对其性能的好坏判断与普通二极管相同。但发光二极管的正向、反向电阻均比普通二极管大得多。正常时，其正向电阻值为 $10 \sim 20\text{ k}\Omega$，其反向电阻值为 $250\text{ k}\Omega$。若正、反向电阻均为无穷大，则说明此管已断路损坏。在测量发光二极管的正向电阻时，有时可以看到该二极管有微微的发光现象。测量时，若将一个 1.5 V 的电池串联在万用表和发光二极管之间，则正向连接时，发光二极管就会发出较强的亮光。

6. 光电二极管的检测

光电二极管的检测方法与普通二极管基本相同。不同之处是：有光照和无光照两种情况下，反向电阻相差很大。无光照时，反向电流很小，反向电阻很大；有光照时，反向电流明显增加，反向电阻明显下降；若测量结果相差不大，说明该光电二极管已损坏或该二极管不是发光二极管。

7. 二极管的选用常识

应根据用途和电路的具体要求来选择二极管的种类、型号及参数。

选用检波管时，主要使其工作频率符合要求。常用的有 2AP 系列，还可用锗开关管 2AK 型代用。用锗高频三极管的发射结进行检波的效果较好，因其发射结结电容很小。

选择整流二极管时主要考虑其最大整流电流、最高反向工作电压是否满足要求，常用的硅桥（硅整流组合管）为 QL 型。

在修理电子电路时，当损坏的二极管型号一时找不到，可考虑用其他二极管代用。代换的原则是弄清原二极管的性质和主要参数，然后换上与其参数相当的其他型号二极管。如检波二极管，只要工作频率不低于原型号的就可以使用。

跟我练：

判断表 3.30 中二极管的极性并用万用表检测其好坏。

表 3.30　二极管的检测

类型	外形图	极性	好坏
普通二极管			
稳压二极管			

续表

类型	外形图	极性	好坏
发光二极管			
光电二极管			
变容二极管			

自我检测题

（1）二极管有何特点？

（2）如何用万用表检测判断二极管的引脚极性及好坏？

（3）稳压二极管工作在（　　　　）区域。

（4）如何用万用表检测稳压二极管的极性和好坏？

（5）发光二极管有何特点？能够发出哪几种颜色？

考核评价

考核评价如表 3.31 所示。

表 3.31　考核评价

专题 3.1.4　半导体二极管的识别与检测						
班级		姓名		组号		
项目	配分	考核要求		评分细则	扣分记录	得分
学习态度、职业素养	20 分	1. 能认真运用信息化手段独立开展学习并有创新性方法； 2. 能够团队协作开展项目学习； 3. 能严谨认真进行实施		1. 直接复制结果扣 20 分； 2. 团队不配合扣 20 分； 3. 查出并直接运用，无创新，扣完 5 分为止； 4. 学习态度应付扣 20 分		
二极管的识别	30 分	能正确区分不同的二极管		1. 直接复制扣 30 分； 2. 按要求进行识别，错一处扣 2 分； 3. 能够正确将电容器的主要参数说出，错一处扣 2 分		
二极管的检测	50 分	能正确运用指针万用表和数字万用表进行检测并判定好坏		1. 直接复制扣 50 分； 2. 万用表使用不当扣 10 分； 3. 不能判定好坏的一个扣 5 分		
总　分						

专题 3.1.5　晶体三极管的识别与检测

任务描述

　　晶体三极管也称双极性三极管，是电子电路与电子设备中广泛使用的半导体器件，在电路中主要起放大、电子开关、控制等作用。那么如何识别三极管？如何检测三极管？下面让我们通过本任务的学习，掌握三极管的基本知识。

任务目标

素养目标	知识目标	技能目标
1.培养团队协作能力； 2.培养学生信息查阅和检索能力； 3.培养学生认真严谨的学习态度。	1.掌握三极管的作用和识别方法； 2.掌握三极管的分类； 3.了解三极管的主要参数。	1.能识别三极管的类型及三个极； 2.了解三极管的封装形式； 3.能用万用表检测三极管，并判断好坏。

知识链接—跟我学

3.1.5.1 晶体三极管的基本知识

1. 晶体三极管的结构

晶体三极管又称为半导体三极管或晶体管，是半导体基本元器件之一，具有电流放大作用，是电子电路的核心元件。晶体三极管由两个 PN 结组成，根据组合方式的不同，可分为 NPN 和 PNP 两种类型。其结构和图形符号如图 3.72 所示。每种晶体三极管都由基区、发射区和集电区三个不同的导电区域构成，对应这三个区域可引出三个电极，分别称为基极 B、发射极 E 和集电极 C。基区和发射区之间的 PN 结称为发射结，基区和集电区之间的 PN 结称为集电结。

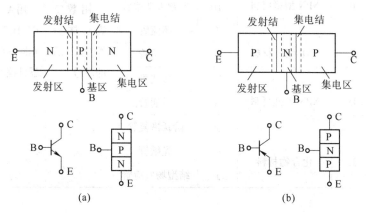

图 3.72　晶体三极管的结构示意图和图形符号

（a）NPN 型；（b）PNP 型

三极管的识读与检测

2. 国产三极管型号的命名方法

国产三极管的型号命名由五部分组成，如图 3.73 所示。

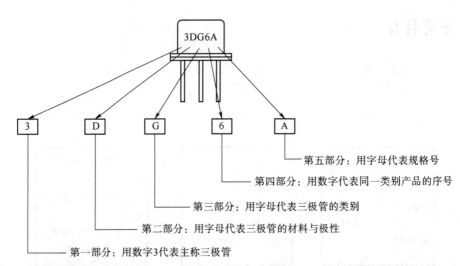

图 3.73　三极管命名方法

国产三极管型号命名方法及各部分含义如表 3.32 所示。

表 3.32　国产三极管型号命名方法及各部分含义

第一部分：主称		第二部分：材料与极性		第三部分：类别		第四部分：序号	第五部分：规格号
数字	含义	字母	含义	字母	含义		
3	三极管	A	PNP 型锗材料	G	高频小功率管	用数字表示同一类别产品的序号	用A、B、C、D 等表示同一型号器件挡次
				X	低频小功率管		
		B	NPN 型锗材料	A	高频大功率管		
				D	低频大功率管		
		C	PNP 型硅材料	T	闸流管		
				K	开关管		
		D	NPN 型硅材料	V	微波管		
				B	雪崩管		
		E	化合物材料	J	阶跃恢复管		
				U	光敏管		
				J	结型场效应管		

跟我练：

判断 3AD50C 和 3DG201B 管子的类型。

练习：3AD50C 是锗材料 PNP 型低频大功率三极管；3DG201B 是硅材料 NPN 型高频小功率三极管。

3. 三极管的分类

三极管的分类方法很多,三极管大都是由塑料封装或金属封装,并且不同型号的各有不同用途。

(1) 按半导体材料分类:可分为硅材料和锗材料三极管。

(2) 按三极管的极性分类:可分为 PNP 型和 NPN 型三极管。

(3) 按结构和制造工艺分类:可分为扩散型三极管、合金型三极管和平面型三极管。

(4) 按功率分类:可分为小功率三极管、中功率三极管、大功率三极管;通常装有散热片的三极管或两引脚金属外壳的三极管是中功率或大功率三极管。

(5) 按工作频率分类:可分为低频三极管、高频三极管和超高频三极管;有的高频三极管有 4 根引脚,第 4 根引脚与三极管的金属外壳相连,接电路的公共接地端,主要起屏蔽作用。

(6) 按封装结构分类:可分为金属封装三极管、塑封三极管、玻璃壳封装三极管、表面封装三极管和陶瓷封装三极管。

(7) 按功能和用途分类:可分为低噪声放大三极管、中高频放大三极管、低频放大三极管、开关三极管、达林顿三极管、高反压三极管、带阻尼三极管、微波三极管、光敏三极管和磁敏三极管等多种类型。

常用三极管的外形如图 3.74 所示。

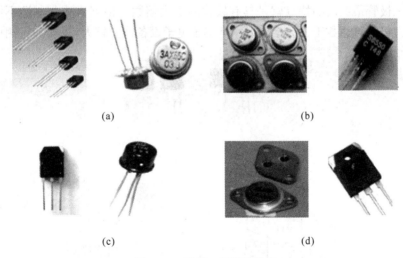

图 3.74　常用三极管的外形

(a) 低频小功率三极管;(b) 低频大功率三极管;(c) 高频小功率三极管;(d) 高频大功率三极管

4. 特殊的三极管

1) 带阻尼三极管

带阻尼三极管是将三极管与阻尼二极管、保护电阻封装为一体构成的特殊三极管,常用于彩色电视机和计算机显示器的行扫描电路中,如图 3.75 所示。

2) 差分对管

差分对管是将两只性能参数相同的三极管封装在一起构成的电子器件,一般用在音频放大器或仪器、仪表的输入电路作差分放大管,如图 3.76 所示。

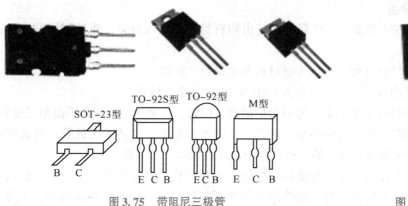

图 3.75　带阻尼三极管　　　　　　　　　　　　图 3.76　差分对管

达林顿三极管是普通三极管的复合形式，其外形和组成结构如图 3.77 所示，其中图 3.77（a）是常见达林顿管的外形。图 3.77（b）是用 VT1 的 E 极与 VT2 的 B 极连接，用 VT1 的 C 极与 VT2 的 C 极连接，这样连接封装后仍是一个具有三极管特性的管子，称为复合三极管或达林顿管。达林顿三极管的三个电极仍称为发射极 E、基极 B、集电极 C。

图 3.77（b）中用两个 NPN 型三极管复合成的达林顿三极管仍是 NPN 型。如果用两个 PNP 型三极管按图 3.77（c）连接，就构成了一个 PNP 型达林顿三极管。

达林顿三极管最突出的特点就是具有较大的放大倍数。根据需要与制造不同，达林顿三极管的放大倍数可达数千，甚至上万，常用于电子设备需要较大增益的电路中。

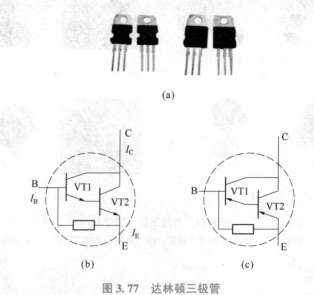

图 3.77　达林顿三极管
（a）常见达林顿管的外形；（b）NPN 型达林顿三极管；（c）PNP 型林顿三极管

5. 三极管的主要参数

1）电流放大系数 β

电流放大系数是电流放大倍数，用来表示三极管放大能力。根据三极管工作状态不同，电流放大系数又分为直流放大系数和交流放大系数。

直流放大系数是指在静态无输入变化信号时，三极管集电极电流 I_C 和基极电流 I_B 的比值，故又称为直流放大倍数或静态放大系数，一般用 h_{FE} 或 β 表示。

交流电流放大系数也叫动态电流放大系数或交流放大倍数，是指在交流状态下，三极管集电极电流变化量与基极电流变化量的比值，一般用 β 表示。β 是反映三极管放大能力的重要指标。在选用三极管时，如果 β 值太小则电流放大能力差，β 值太大会使工作稳定性差，β 一般选 20~100。

2）集电极最大允许电流 I_{CM}

集电极最大允许电流（I_{CM}）指三极管的电流放大系数明显下降时的集电极电流。当集电极电流超过 I_{CM} 时，管子性能将显著下降（例如 β 要减小很多），甚至可能烧毁三极管。

3）穿透电流 I_{CEO}

穿透电流 I_{CEO} 是集电极-发射极之间大电流，是一个反应三极管温度特性的重要参数，I_{CEO} 大，三极管的热稳定性差。

4）反向击穿电压

$U_{(BR)EBO}$ 是指集电极开路时，发射结的反向击穿电压；

$U_{(BR)CBO}$ 是指发射极开路时，集电结的反向击穿电压；

$U_{(BR)CEO}$ 是指基极开路时，集-射极之间的反向击穿电压。

通常 $U_{(BR)CBO} > U_{(BR)CEO} > U_{(BR)EBO}$，三极管的 $U_{(BR)EBO}$ 较小，只有几伏，使用时应该注意。

5）集电极允许最大功耗 P_{CM}

集电极最大允许耗散功率指三极管参数变化不超过规定允许值时的最大集电极耗散功率。超过此值就会使三极管的性能下降甚至烧毁。

3.1.5.2 　三极管的识读与检测

1. 三极管的封装形式

三极管的封装形式是指三极管的外形参数，也就是安装半导体三极管用的外壳。材料方面，三极管的封装形式主要有金属、陶瓷、塑料形式；结构方面，三极管的封装为 TO×××，×××表示三极管的外形；装配方式有通孔插装（通孔式）、表面组装（贴片式）、直接安装；引脚形状有长引线直插、短引线或无引线贴装等。常用三极管的封装形式有 TO-92、TO-126、TO-3、TO-220 等，如表 3.33 所示。

表 3.33 　常用三极管的封装形式

封装号	外形图	封装号	外形图
TO-92	1—E； 2—B； 3—C 1 2 3	TO-94	1—Out； 2—Vcc； 3—OSC； 4—GND 4 3 2 1

续表

封装号	外形图	封装号	外形图
TO-126		TO-220	
TO-3		TO-3P	
TO-18		TO-39	

2. 三极管的识读

三极管引脚的排列方式具有一定的规律，如表3.34所示。

表 3.34　三极管引脚排列方式

封装形式	形状及引脚排列位置	分布特征说明
塑料封装小功率三极管	 EBC	平面朝向自己，引出线向下，从左至右依次为发射极 E、基极 B、集电极 C
	 EB C	面对切角面，引出线向下，从左至右依次为发射极 E、基极 B、集电极 C
金属封装三极管	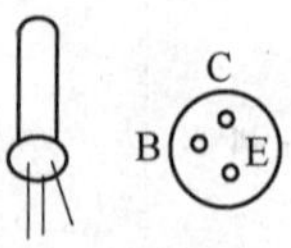 B C E	面对管底，使带引脚的半圆位于上方，从左至右按顺时针方向，引脚依次为发射极 E、基极 B、集电极 C

续表

封装形式	形状及引脚排列位置	分布特征说明
金属封装三极管		面对管底，由定位标志起，按顺时针方向，引脚依次为发射极 E、基极 B、集电极 C
		面对管底，由定位标志起，按顺时针方向，引脚依次为发射极 E、基极 B、集电极 C 及接地线 D，其中 D 与金属外壳相连，在电路中接地，起屏蔽作用
中功率三极管		面对管子正面（型号打印面），散热片为管背面，引出线向下，从左至右依次为基极 B、集电极 C、发射极 E，也有些管子的顺序是 E、B、C
高频小功率三极管		凸面对着自己，平底在后，从左至右依次为基极 B、集电极 C、发射极 E
低频大功率三极管		面对管底，使引脚均匀位于左侧，下面的引脚是基极 B，上面的引脚为发射极 E，管壳是集电极 C，管壳上的两个安装孔用来固定三极管

3. 晶体三极管的检测

1）判断基极和三极管的管型

三极管的结构可以看作是两个背靠背的 PN 结，如图 3.78 所示，按照判断二极管极性的方法，可以判断出其中一极为公共正极或公共负极，此极即为基极 B。对 NPN 型管，基极是公共正极；对 PNP 型管，基极是公共负极；因此，判别出基极是公共正极还是公共负极，即可知道被测三极管是 NPN 型或 PNP 型。

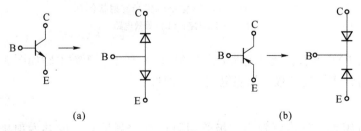

(a)　　　　　　　　　(b)

图 3.78　NPN 型或 PNP 型三极管的等效模型

（a）NPN 型；（b）PNP 型

或者参考三极管的内部等效图如图 3.79 所示，测量时要时刻想着此图，从而达到熟能生巧。

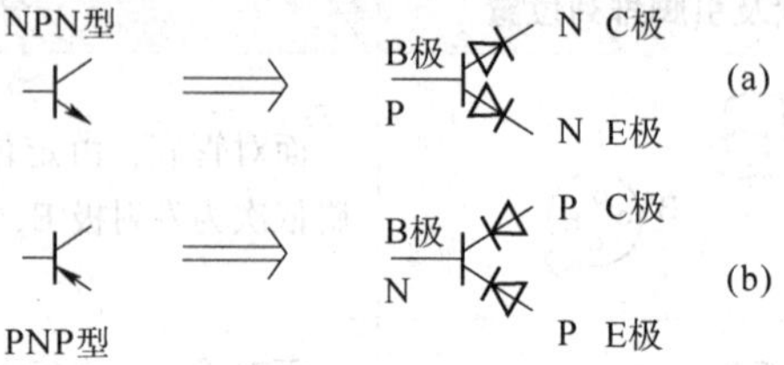

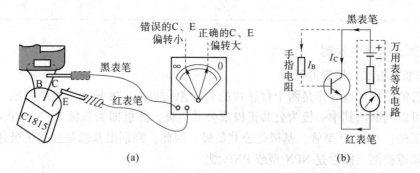

图 3.79 三极管的内部等效图
（a）NPN 型；（b）PNP 型

具体方法如下：将万用表拨到 $R \times 1$ k 或 $R \times 100$ 挡，先假设某一引脚为基极 B，将黑表笔与 B 相接，红表笔先后接到其余的两个引脚上，如果两次测得的两个电阻都较小（或都较大），且交换红黑表笔后测得的两电阻都较大（或都较小），则所假设的基极是正确的。如果两次测得的电阻值一大一小，则说明所做的假设错了。这时需重新假定另一引脚为基极，再重复上述的测试过程。当基极确定以后，若黑表笔接基极，红表笔分别接其他两极，测得的两个电阻值都较小，则此三极管的公共极是正极，故为 NPN 型管；反之，则为 PNP 型管。

2）判断集电极 C 和发射极 E

若已知三极管为 NPN 型，则将黑表笔接到假定的 C 极，红表笔接到假定的 E 极，并用手捏住 B、C 两极（但不能使 B、C 直接接触）。此时，手指相当于在 B、C 之间接入偏置电阻 R，如图 3.80（a）所示，读出 C、E 之间的电阻值；然后，将 C、E 反过来再测一次，并与前一次假设测得的电阻值比较，电阻值较小的那一次，黑表笔接的是 C 极，红表笔接的是 E 极。因为 C、E 之间的电阻值较小（偏转大）说明通过万用表的电流较大，偏置正常，等效电路如图 3.80（b）所示。

图 3.80 NPN 型三极管集电极和发射极的判别
（a）实际电路；（b）等效电路

若三极管为 PNP 型管，测试电路如图 3.81（a）所示，等效电路如图 3.81（b）所示。测量时，只需将红表笔接 C 极，黑表笔接 E 极即可。

4. 数字万用表检测三极管

利用数字万用表不仅可以判别三极管引脚极性、测量管子的共发射极电流放大系数 h_{FE}，还可以鉴别硅管与锗管。由于数字万用表电阻挡的测试电流很小，所以不适用于检测三极管，应使用二极管挡或 h_{FE} 挡进行测试。

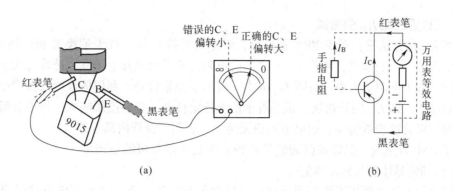

图 3.81　PNP 型三极管集电极和发射极的判别

(a) 实际电路；(b) 等效电路

1）判断基极

将数字万用表置于二极管挡位，红表笔固定任接某个引脚，用黑表笔依次接触另外两个引脚，如果两次显示值均小于 1 V 或都显示溢出符号"OL"或"1"，则红表笔所接的引脚就是基极 B。如果在两次测试中，一次显示值小于 1 V，另一次显示溢出符号"OL"或"1"（视不同的数字万用表而定），则表明红表笔接的引脚不是基极 B，应更换其他引脚重新测量，直到找出基极 B 为止。

2）判断发射极 E 和三极管的管型

基极确定后，用红表笔接基极，黑表笔依次接触另外两个引脚，如果显示屏上的数值都显示为 0.6~0.8 V，则所测三极管属于硅 NPN 型中、小功率管。其中，显示数值较大的一次，黑表笔所接引脚为发射极。如果显示屏上的数值都显示为 0.4~0.6 V，则所测三极管属于硅 NPN 型大功率管。其中，显示数值大的一次，黑表笔所接的引脚为发射极。

用红表笔接基极，黑表笔先后接触另外两个引脚，若两次都显示溢出符号"OL"或"1"，调换表笔测量，即黑表笔接基极，红表笔接触另外两个引脚，显示数值都大于 0.4 V，则表明所测三极管属于硅 PNP 型，此时数值大的那次，红表笔所接的引脚为发射极。

数字万用表在测量过程中，若显示屏上的显示数值都小于 0.4 V，则所测三极管属于锗管。

5. 三极管参数的检测

1）放大系数的测量

h_{FE} 是三极管的直流电流放大系数。用数字万用表或指针万用表都可以方便地测出三极管的 h_{FE}。其方法如图 3.82 所示。

(a)　　　　　　　　　　(b)

图 3.82　万用表测量三极管放大倍数示意图

(a) 数字万用表测量；(b) 指针万用表测量

2）三极管性能 I_{CEO} 的测试

检测 I_{CEO} 的方法是：对于 NPN 管来说，将黑表笔接 C 极，红表笔接 E 极，测量 C、E 之间的电阻值。一般来说，锗管 C、E 之间的电阻为几千欧至几十千欧，硅管为几十千欧至几百千欧。如果电阻值太小，说明 I_{CEO} 太大。再用手捏紧管壳，利用体温给三极管加温，若电阻明显减小，即 I_{CEO} 明显增加，说明管子的热稳定性差，受温度影响大；如果电阻值接近零，表明三极管已经被击穿；如果电阻值无穷大，表明三极管内部开路。

对于 PNP 管来说，只需将红表笔接 C 极，黑表笔接 E 极测量即可。

3）区别锗晶体管与硅晶体管

指针万用表的电阻挡不能直观地读出二极管的端电压，当然也就不能直接读出晶体管与极之间的端电压，这就给判断晶体管极间压降是 0.60～0.70 V 还是 0.15～0.30 V 带来困难，但可以根据经验法进行判断。

若测量晶体管（用 $R×1$ k 或 $R×100$ 挡）B-E、B-C 间电阻时，指针落在 200～300 Ω 示数范围内，可判断为锗管；若指针落在 800～1 000 Ω 示数范围内，可判断为硅管。

4）三极管好坏的检测

用万用表的电阻挡（用 $R×1$ k 或 $R×100$ 挡）测量三极管两个 PN 结的正、反向电阻的大小，根据测量结果，判断三极管的好坏。

检测判断方法如下：

若测得三极管的任意一个 PN 结的正、反向电阻都很小，说明三极管有击穿现象，该三极管不能使用。

若测得三极管 PN 结的正、反向电阻都是无穷大，说明三极管内部出现断路现象。

若测得三极管的任意一个 PN 结的正、反向电阻相差不大，说明三极管的性能变差，已不能使用。

若测得三极管的穿透电流 I_{CEO} 太大，或手捏管壳 I_{CEO} 明显变化，则说明三极管性能差，也不能使用。

 自我检测题

（1）三极管有哪几个引脚？

（2）从结构上看，三极管有哪些类型？

（3）如何用指针万用表判别三极管的引脚和管型？

（4）用指针万用表如何检测三极管的好坏？

 考核评价

考核评价如表 3.35 所示。

表 3.35　考核评价

专题 3.1.5　晶体三极管的识别与检测					
班级		姓名		组号	
项目	配分	考核要求	评分细则	扣分记录	得分
学习态度、职业素养	20 分	1. 能认真运用信息化手段独立开展学习并有创新性方法； 2. 能够团队协作开展项目学习； 3. 能严谨认真进行实施	1. 直接复制结果扣 20 分； 2. 团队不配合扣 20 分； 3. 查出并直接运用，无创新，扣完 5 分为止； 4. 学习态度应付扣 20 分		
三极管的识别	30 分	能正确区分不同的三极管	1. 直接复制扣 30 分； 2. 按要求进行识别，错一处扣 2 分； 3. 能够正确将电容器的主要参数说出，错一处扣 2 分		
三极管的检测	50 分	能正确运用指针万用表和数字万用表进行检测并判定好坏	1. 直接复制扣 50 分； 2. 万用表使用不当，扣 10 分； 3. 不能判定好坏的一个扣 5 分		
总　分					

专题 3.1.6　集成电路

任务描述

集成电路是一种微型电子器件，它的出现使电子技术的发展与应用发生了新的突破。集成电路具有体积小、质量轻、功耗小、性能好、可靠性高等特点，其应用范围极其广泛。那么如何识别集成电路的引脚？如何检测集成电路？下面让我们通过本任务的学习，掌握集成电路的基本知识。

任务目标

素养目标	知识目标	技能目标
1. 培养团队协作能力； 2. 培养学生信息查阅和检索能力； 3. 培养学生认真严谨的学习态度。	1. 掌握集成电路的分类和引脚识别方法； 2. 了解集成电路的命名方法； 3. 掌握集成电路的使用。	1. 能识别常见集成电路； 2. 学会集成电路引脚识别； 3. 能对集成电路的故障正确判断。

知识链接—跟我学

3.1.6.1　集成电路的分类及命名方法

集成电路是 20 世纪 60 年代发展起来的一种新型半导体器件，采用一定的工艺，把一个电路中所需的晶体管、二极管、电阻、电容和电感等元件及布线连在一起，制作在一小块或几小块半导体晶片或介质基片上，然后封装在一个管壳内，成为具有所需电路功能的集成电路，通常用英文缩写"IC"表示。集成电路实现了材料、元件和电路三位一体，与分立元件电路相比，具有体积小、质量轻、功耗小、性能好、可靠性高和成本低等特点，得到了广泛应用和迅速发展。

1. 集成电路的分类

1）按功能结构分类

集成电路按其传送信号的特点来分，可以分为模拟集成电路和数字集成电路两大类。

2）按制造工艺及电路根本工作原理分类

按照制造工艺及电路根本工作原理来分，集成电路可分为双极型集成

集成电路的
识别与检测

电路、单极型集成电路（又称 MOS 集成电路）、双极性–MOS 型集成电路。

双极型集成电路是指由双极性晶体管，主要是 NPN 型管（少量采用 PNP 型管）及电阻组成的集成电路。参与导电的是电子和空穴两种载流子。

MOS 集成电路是由金属–氧化物–半导体晶体管组成的电路。由于 MOS 晶体管工作时，参与导电的载流子只有一种（电子或空穴），所以 MOS 集成电路又称单极型集成电路。由于 MOS 晶体管有 P 沟道和 N 沟道两种类型，它们可以组合成三种 MOS 集成电路。凡由 NMOS 晶体管构成的集成电路叫 N 沟道 MOS 型集成电路，简称 NMOS 集成电路。凡由 PMOS 晶体管构成的集成电路叫 PMOS 集成电路。若由 NMOS 晶体管和 PMOS 晶体管互补构成的集成电路则称为互补型 MOS 集成电路，简写成 CMOS 集成电路。由于 MOS 集成电路具有工艺简单、功耗小、集成度高等优点，近年来发展及应用更为广泛。

3）按集成度高低分类

集成电路按集成度高低的不同，可分为小规模集成电路（一般少于 100 个元件或少于 10 个门电路）、中规模集成电路（一般含有 100~1 000 个元件或 10~100 个门电路）、大规模集成电路（一般含有 1 000~10 000 个元件或 100 个门电路以上）、超大规模集成电路（一般含有 10 万个元件或 1 万个门电路以上）。

4）按封装形式分类

集成电路的封装形式有很多种，常见的有普通双列直插封装（DIP）、普通单列直插封装（SIP）、锯齿双列直插封装（ZIP）、小外形封装（SOP）、带散热器的 SOP 封装（HSOP）、小型 SOP 封装（SSOP）、薄的缩小型 SOP 封装（TSSOP）、表贴晶体管封装（SOT）、J 型引线小外形封装（SOJ）、有引线塑料芯片载体封装（LCC）、四面扁平封装（OFP）、无引线片式载体封装（PLCC）、带引脚的陶瓷芯片载体封装（CLCC）、球形矩阵封装（BGA）、J 型引脚芯片载体封装（JLCC）等封装形式，其他封装形式有软封装、厚膜电路封装、圆形金属封装等。集成电路的封装形式如图 3.83 所示。

图 3.83　集成电路的封装形式

5）按集成电路的功能分类

按集成电路的功能来分，可分为集成运算放大电路、集成稳压器、集成模/数和集成数/模转换器、编码器、译码器、计数器等。

2. 集成电路的型号和命名

1）集成电路的型号命名

国标（GB 3430—2020）规定集成电路的型号命名由五部分组成，各部分的含义如表3.36所示。

表3.36 集成电路的型号命名及含义（GB 3430—2020）

第一部分× 表示符合国标		第二部分× 用字母表示类型		第三部分××××× 表示系列、代号	第四部分× 用字母表示温度范围		第五部分× 用字母表示封装形式	
字母	含义	字母	含义		字母	含义	字母	含义
C	中国制造	B	非线性电路	用数字和字母混合表示集成电路系列和代号	C	0~70 ℃	B	塑料扁平封装
		C	CMOS 电路				C	陶瓷芯片载体封装
		D	音响电视电路		G	−25~70 ℃	D	多层陶瓷双列直插封装
		E	ECL 电路				E	塑料芯片载体封装
		F	线性放大电路					
		H	HTL 电路		L	−25~85 ℃	F	多层陶瓷扁平封装
		J	接口电路				G	网络阵列封装
		M	存储器				H	黑瓷扁平封装
		W	稳压器		E	−40~85 ℃	J	黑瓷双列直插封装
		T	TTL 电路					
		μ	微型机电路				K	金属菱形封装
		A/D	A/D 转换器		R	−55~85 ℃	P	塑料双列直插封装
		D/A	D/A 转换器					
		SC	通信专用电路				S	塑料单列直插封装
		SS	敏感电路		M	−55~125 ℃	T	金属圆形封装
		SW	钟表电路					

2）国外集成电路的型号命名

国外厂家生产的集成电路，没有统一的命名标准，各生产厂家都有自己的一套命名方法，一般来说，产品标识的前缀表示该集成电路的功能。常见的国外主要集成电路厂家常用的产品前缀及意义如表3.37所示。

表 3.37　常见的国外主要集成电路厂家常用的产品前缀及意义

生产厂家	产品前缀及意义
美国摩托罗拉（Motorola）公司	MC：通用数字与线性，MCM：存储器，LM：仿 NSC 公司的产品，MMS：仿 NSC 公司的存储器系统
美国国家半导体公司（NSC）	LF：线性场效应电路，LH：线性混合电路，LM：线性单片电路，LP：低功耗电路，LX：传感器电路，CD：CMOS 电路
美国仙童公司（FSC）	μA：线性电路，F：数字电路，SH：混合电路
日本东芝（Toshiba）公司	TA：双极性线性电路，TC：CMOS 电路，TD：双极性数字电路，TL：MOS 线性电路，TM：MOS 数字电路
日本三洋（Sanyo）公司	LA：双极性模拟电路，LB：双极性数字电路，LC：CMOS 电路，LD：薄膜电路，LM：PMOS 电路，STK：厚膜电路
日本松下（Panasonic）公司	AN：双极性线性电路，DN：双极性数字电路，MN：MOS 电路
日本索尼（Sony）公司	CXA（CX）：双极性线性电路，CXB：双极性数字电路，CXD：MOS 电路，CXK：存储器电路，CXP：微处理器，CXL：CCD 信号处理

3.1.6.2　集成电路的使用

1. 集成电路的引脚识别

集成电路的引脚较多且分布均匀，每个引脚的功能各不相同，引脚的排列也有多种形式；但每一个集成电路的第一引脚上会有一个标记，具体表现为：

（1）圆形封装集成电路。将管底对准自己，从标记开始顺时针读引脚序号，如图 3.84 所示。

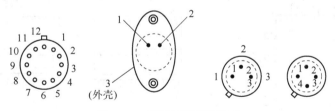

图 3.84　圆形封装引脚排列

（2）单列直插式封装集成电路。以正面（印有型号商标的一面）朝自己，引脚朝下，以缺角、凹槽或色点等作为引脚参考标记，引脚编号顺序一般从左到右排列，如图 3.85 所示。

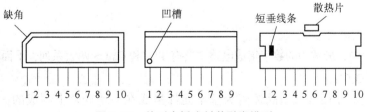

图 3.85　单列直插式封装引脚排列

（3）双列封装集成电路。集成电路引脚朝下，以缺角或色点等标记为参考标记，引脚编号则按逆时针方向排列，如图 3.86 所示。

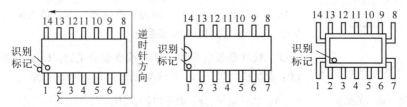

图 3.86 双列封装引脚排列

（4）四边带引脚的扁平封装集成电路的引脚排列。找出该集成电路的标记，将集成电路的引脚朝下，最靠近标记的引脚为 1 号引脚，然后从 1 脚开始，逆时针方向依次为引脚的顺序读数，如图 3.87 所示。

（5）其他编号方法。除了以上常规的引脚方向排列外，也有一些特殊的引脚排列。这些大多属于单列直插式封装结构，尽管型号相同（或同型号不同后缀字母，型号尾数相差 1），但却存在引脚排序完全相反的两个品种，其中一种的引脚方向排列刚好与上面说的相反，即印有型号或商标的一面朝自己时，引脚朝下，引脚排列方向是自右向左的。大多数也是以缺角、凹槽或色点作为引脚参考标记，少数没有识别标记的可从型号上来区别。如果型号后有一个后缀字母 R，则为反向引脚，没有 R 为正向引脚，如 M5115P 和 M5115PR，HA1399A 和 HA1399AR，HA1366W 和 HA1366WR，如图 3.88 所示。这类封装集成电路常见于音频功放电路，为的是设计双声道音频功放电路或 BTL 功放电路时，便于印刷印制板电路的排列对称方便而特地设计的。

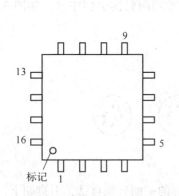

图 3.87 四边带引脚的扁平封装
集成电路的引脚排列

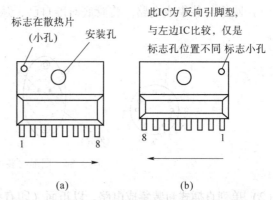

图 3.88 引脚排序完全相反的引脚封装
（a）正向引脚型；（b）反向引脚型

2. 数字集成电路及其使用

在实际工程中，最常用的数字集成电路主要有 TTL 和 CMOS 两大系列，下面分别逐一介绍。

1）TTL 集成电路

TTL 集成电路是用双极型晶体管为基本元件集成在一块硅片上制成的，其品种、产量最多，应用也最广泛。

　　TTL 集成电路在使用时要注意：不许超过其规定的工作极限值，以确保电路能可靠工作。TTL 集成电路只允许在 5×（1±10%）V 的电源电压范围内工作。TTL 门电路的输出端不允许直接接地或接电源，也不允许并联使用（开路门和三态门例外）。TTL 门电路的输入端悬空相当于接高电平 1，但多余的输入端悬空（与非门）易引入外来干扰使道路的逻辑功能不正常，所以最好将多余输入端和有用端并联在一起使用。在电源接通的情况下，不要拔插集成电路，以防电流冲击造成电路永久性的损坏。

　　2）CMOS 集成电路

　　CMOS 集成电路以单极型晶体管为基本元件制成，其发展迅速，主要是因为它具有功耗低、速度快、工作电源电压范围宽（如 CC4000 系列的工作电源电压为 3~18 V）、抗干扰能力强、输入阻抗高、输出能力强、温度稳定性好及成本低等优点，尤其是它的制造工艺非常简单，为大批量生产提供了方便。CMOS 集成电路有三种封装方式：陶瓷扁平封装（工作温度范围是 -55~+100 ℃），陶瓷双列直插封装（工作温度范围是 -55~+125 ℃），塑料双列直插封装（工作温度范围是 -40~+85 ℃）。

　　CMOS 集成电路在使用时要注意：电源电压端和接地端绝对不许接反，也不准超过其允许工作电压范围（$V_{DD} = 3~18$ V）。CMOS 电路在工作时，应先加电源后加信号；工作结束时，应在撤除信号后再切断电源。为防止输入端的保护二极管因大电流而损坏，输入信号的电压不能超过电源电压；输入电流不宜超过 1 mA，对低内阻的信号源要采取限流措施。CMOS 集成电路的多余输入端一律不准悬空，应按其逻辑要求将多余的输入端接电源（与门）或接地（或门）；CMOS 集成电路的输出端不准接电源或接地，也不许将两个芯片的输出端直接连接使用，以免损坏器件。

　　3. 集成电路的使用注意事项

　　（1）使用集成电路时，其各项电性能指标（电源电压、静态工作电流、功率损耗、环境温度等）应符合规定要求。

　　（2）在电路的设计安装时，应使集成电路远离热源；对输出功率较大的集成电路应采取有效的散热措施。

　　（3）进行整机装配焊接时，一般最后对集成电路进行焊接；手工焊接时，一般使用 20~30 W 的电烙铁，且焊接时间应尽量短（少于 10 s）；避免由于焊接过程中的高温而损坏集成电路。

　　（4）不能带电焊接或插拔集成电路。

　　（5）正确处理好集成电路的空脚，不能擅自将空脚接地、接电源或悬空，应根据实际情况对集成电路的空脚进行处理（接地或接电源）。

　　（6）MOS 集成电路使用时，应特别注意防止静电感应击穿。对 MOS 电路所用的测试仪器、工具以及连接 MOS 块的电路，都应进行良好的接地；存储时，必须将 MOS 电路装在金属盒内或用金属箔纸包装好，以防止外界电场对 MOS 电路产生静电感应将其击穿。

　　4. 集成电路的故障判断

　　要对集成电路故障做出正确判断，首先要掌握集成电路的用途、内部结构原理、主要电特性，各引脚对地直流电压、波形，对地正反向直流电阻值等。必要时还要分析内部电原理图。然后按故障现象判断其部位，再按部位查找故障元件。有时需要用多种判断方法去证明该器件是否确实损坏。不要轻易判定集成电路的损坏，有怀疑时先要排除外围元件损坏的可能性。

一般对集成电路的检查判断方法有两种：

（1）不在线检查，即集成电路未焊入印制电路板的判断。这种方法在没有专用仪器设备的情况下，要确定该集成电路的质量好坏是很困难的。一般情况下可用直流电阻法测量各引脚对应于接地脚间的正反向电阻值，并与好的集成电路进行对照比较，也可以采用替换法把怀疑有故障的集成电路插到正常仪器设备同型号集成电路上确定其好坏。有条件时可利用集成电路测试仪对主要参数进行定量检验。

（2）在线检查，即将集成电路接在印制电路板上判断，它是检测集成电路较实用的方法，有以下几种：

①电压测量法。对测试的集成电路通电，使用万用表的直流电压挡，测量集成电路各引脚对地的电压，将测出的结果与该集成电路参考资料所提供的标准电压值进行比较，从而判断是该集成电路有问题，还是集成电路的外围电路元件有问题。

②在线直流电阻检测法。用万用表的欧姆挡测量集成电路各引脚对地的正、反向电阻，并与参考资料或另一块同类型的、好的集成电路比较，从而判断该集成电路的好坏。

③波形检测法。用示波器测量集成电路各引脚的波形，并与标准波形进行比较，从而发现问题的所在。

④替换法。用一块好的同类型的集成电路进行替换测试。这种方法往往是在前几种方法初步检测之后，基本认为集成电路有问题时所采用的方法。该方法的特点是：直接、见效快；但拆焊麻烦，且易损坏集成电路和电路板。

自我检测题

（1）集成电路常用的封装形式有（   ）、（   ）、（   ）等。

（2）集成电路的名称为 CT3020ED，根据命名规则说明其含义。

（3）如何识别集成电路的引脚？

（4）简述集成电路的故障分析判断方法。

（5）简述数字集成电路的使用注意事项。

 **考核评价**

考核评价如表 3.38 所示。

表 3.38　考核评价

专题 3.1.6　集成电路的识别与检测					
班级		姓名		组号	扣分记录	得分
项目	配分	考核要求	评分细则		
学习态度、职业素养	20 分	1. 能认真运用信息化手段独立开展学习并有创新性方法； 2. 能够团队协作开展项目学习； 3. 能严谨认真进行实施	1. 直接复制结果扣 20 分； 2. 团队不配合扣 20 分； 3. 查出并直接运用，无创新，扣完 5 分为止； 4. 学习态度应付扣 20 分		
集成电路的识别	30 分	能正确区分不同的集成电路	1. 直接复制扣 30 分； 2. 按要求进行识别，错一处扣 2 分； 3. 能够正确将电容器的主要参数说出，错一处扣 2 分		
集成电路的检测	50 分	能正确运用指针万用表和数字万用表进行检测并判定好坏	1. 直接复制扣 50 分； 2. 万用表使用不当，扣 10 分； 3. 不能判定好坏的一个扣 5 分		
总　分					

专题 3.1.7　电声器件

任务描述

电声器件是一种将电能与声能相互转换的器件。传声器是把声能转换为电能的电声器件，俗称麦克风。扬声器是将电能转换为声能的器件。那么如何识别传声器和扬声器？如何检测传声器和扬声器？下面让我们通过本任务的学习，掌握电声器件的基本知识。

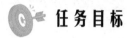
任务目标

素养目标	知识目标	技能目标
1. 培养团队协作能力； 2. 培养学生信息查阅和检索能力； 3. 培养学生认真严谨的学习态度。	1. 掌握传声器与扬声器的特点及作用； 2. 了解传声器与扬声器的结构及工作原理； 3. 掌握判断和检测电声器件的质量好坏。	1. 能识别各种电声器件； 2. 熟悉驻极体话筒的连接形式； 3. 学会用万用表检测各种电声器件。

知识链接—跟我学

电声器件是将电信号转换为声音信号或将声音信号转换成电信号的换能元件，在家用电器和电子设备中得到广泛应用。常用的电声器件有：扬声器、耳机、传声器等，其工作原理图如图 3.89 所示。

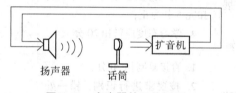

扬声器　　话筒

图 3.89　电声器件工作原理

电声器件的识读与检测

3.1.7.1　传声器

传声器是把声音变成电信号的一种电声器件，又叫话筒或微音器，俗称麦克风（MIC）。

1. 传声器的分类

传声器的种类很多，按使用方式可分为手持式、台式、落地式、领扣式等；按产生音频电压的原理可分为恒速式、恒幅式等；按指向特性可分为单向性、双向性、全向性等；按输出阻抗可分为低阻式、高阻式等；按组成结构分为动圈式（也叫电动式）、晶体式（也叫压电式）、铝带式、碳粒式、驻极体式、电容式多种。现在应用最多的是驻极体电容式传声器和动圈式传声器。

图 3.90　传声器的电路符号

传声器的文字符号为 B 或 BM，电路符号如图 3.90 所示。

传声器（话筒）外形有多种，图 3.91 所示几种常见话筒的实物图。

图 3.91　几种常见话筒的实物图

（a）手持式话筒；（b）台式话筒；（c）驻极体话筒；（d）无线话筒；
（e）对讲机话筒；（f）录音电容话筒；（g）铝带式

2. 传声器的常用参数

传声器的主要参数有灵敏度、频率特性、增益、输出阻抗、方向性、固有噪声等。

1）灵敏度

传声器的灵敏度是指话筒将声音信号转化为电压信号的能力，用 mV/Pa（帕斯卡）或 dB（分贝）表示。话筒的灵敏度越高，其传声效果越好。

2）频率特性。

传声器的频率特性是指传声器能输出声音信号的频率响应范围。频率特性越好的传声器，其音质也越好。普通传声器的频率响应范围多在 100 Hz～10 kHz，质量较优的为 40 Hz～15 kHz，更好的可达 20 Hz～20 kHz。显然，扬声器的频率响应范围越宽越好。但为适应某些需要，有的传声器在设计制造中有意压低或抬高某频段的响应特性，如为提高语言清晰度，有的专用传声器将低频响应压低。

3）输出阻抗

传声器的输出阻抗是指在 1 kHz 频率下测量的传声器的输出阻抗。一般将输出阻抗小于 2 kΩ 的称为低阻抗传声器，大于 2 kΩ 的称为高阻抗传声器。

4）固有噪声

固有噪声是指在无声压作用时，传声器的输出电压。这是由于传声器内部和外导线中分子的热运动以及周围空气压力的扰动形成的噪声电压。

3. 常见的传声器

1）动圈式传声器

（1）动圈式传声器的组成结构。

动圈式（手持式）传声器也称电动式传声器，其组装解剖图如图 3.92 所示。

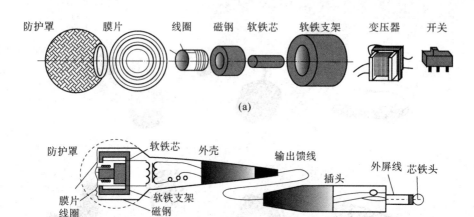

图 3.92　动圈式传声器的组装解剖图

（a）传声器的主要组成部件；（b）传声器的组装解剖图

（2）动圈式传声器的工作原理。

图 3.93 所示为动圈式传声器的工作原理。

动圈式传声器音膜上粘的音圈位于强磁场空隙中。当声波传到音膜时，音膜带动音圈随声波的振动而振动，因为音圈是处在永久磁铁的磁场中，其导线切割磁力线，在音圈内端便会产生出随声音而变化的感应电压。由于音圈的圈数较少，产生的音频信号电压很低，故一般都通过变压器进行阻抗变换，同时提高了输出电压。通常输出阻抗有低阻（200～600 Ω）和高阻（10～20 kΩ）两种类型，可以根据放大器输入阻抗的高低进行选择。常用动圈式传声器的阻抗为 600 Ω，频率响应范围一般为 200 Hz～5 kHz。

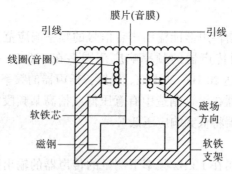

图 3.93　动圈式传声器的工作原理

（3）动圈式传声器的特点。

其具有结构简单、稳定可靠、使用方便、固有噪声小等特点，被广泛用于语言录音和扩音系统中。其不足是灵敏度较低、频率范围窄。

2）驻极体传声器

驻极体传声器作为换能器，具有体积小、频带宽、噪声小、灵敏度高等特点，被广泛用于助听器、无线传声器、电话机、声控设备等电路中，如图 3.94 所示。

EM-9750U　　　EM-6050N

图 3.94　驻极体传声器

（1）驻极体传声器的结构。

驻极体传声器是由声能转换部分和专用场效应管部分组成的。其内部结构如图 3.95 所示。

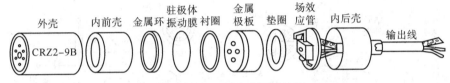

外壳　内前壳　金属环　驻极体振动膜　衬圈　金属极板　垫圈　场效应管　内后壳　输出线

CRZ2-9B

图 3.95　驻极体传声器的结构

声电转换的驻极体振动膜是一片极薄的塑料膜片，在其中一面蒸镀上一层纯金薄膜，形成半永久极化的电介质，两面分别驻有异性电荷。纯金薄膜面向上，与金属外壳相连通。膜片的另一面与金属极板之间用薄的绝缘衬圈隔离开。这样，纯金薄膜与金属极板之间就形成一个电容器。当驻极体膜片遇到声波振动时，引起电容器的电场发生变化，从而产生了随声波变化而变化的交变电压。

纯金薄膜与金属极板之间的电容量比较小，因而它的输出阻抗值要求很高，为几十兆欧以上，不能直接与音频放大器匹配，所以在传声器内接入结型场效应管来进行阻抗变换。场效应管有源极（S）、栅极（G）和漏极（D）三个极。驻极体传声器内使用的是在内部源极和栅极间再复合一只二极管的专用场效应管，接二极管的目的是在场效应管受强信号冲击时起保护作用。场效应管的栅极接金属极板，用驻极体做振膜或反极板，场效应管兼做低噪声前置放大器用。当驻极体受到声波振动时，它与后极板之间会产生一个变化的电场，通过场效应管放大后输出随声波变化的电信号。

驻极体传声器的电路符号如图 3.96 所示，是在普通传声器符号上加了一个电容符号。

驻极体传声器的输出端有两个或三个输出接点。三个输出接点的传声器漏极 D、源极 S 及接地极电极彼此分开成三端式，如图 3.97（a）所示。两个输出接点的传声器其外壳与驻极体和场效应管源极相连做接地端，场效应管漏极做信号输出端，如图 3.97（b）所示。

图 3.96　驻极体传声器的电路符号

（2）驻极体传声器的连接形式。

驻极体传声器工作时要给它提供极化电压。驻极体传声器的连接形式有四种，即负极接地，S 极输出；正极接地，S 极输出；负极接地，D 极输出；正极接地，D 极输出，如图 3.98 所示。

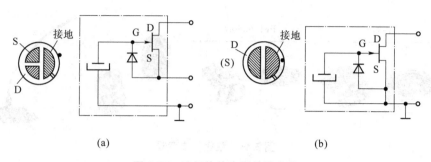

图 3.97　驻极体传声器的输出端

(a) 三个输出接点；(b) 两个输出接点

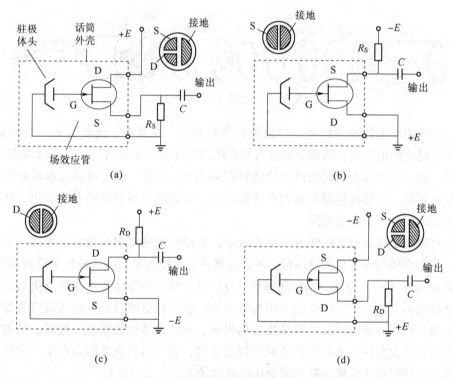

图 3.98　驻极体传声器的连接形式

(a) 负极接地，S 极输出；(b) 正极接地，S 极输出；(c) 负极接地，D 极输出；(d) 正极接地，D 极输出

　　正电源供电的源极输出适用于三个输出接点的驻极体传声器，漏极 D 接电源正极，源极 S 与地之间接一电阻器 R_S 来提供源极电压，信号由源极经电容器 C 输出。屏蔽线接地，源极输出的阻抗小于 2 kΩ，电路比较稳定，动态范围大，但输出信号比漏极输出小。

　　正电源供电的漏极输出适用于两个输出接点的驻极体传声器，漏极 D 与电源正极间接一漏极电阻器 R_D，信号由漏极 D 经 C 输出。源极 S 与屏蔽线一起接地，漏极输出有电压增益，因而灵敏度比源极输出时要高，但电路动态范围略小。

　　图 3.99 所示为一声控电路前置放大级中驻极体传声器源极输出和漏极输出的两种接法。

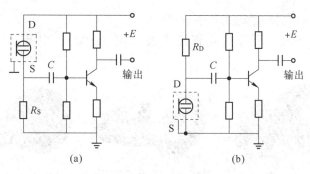

图 3.99　驻极体传声器源极输出和漏极输出的两种接法

(a) 源极输出；(b) 漏极输出

（3）驻极体传声器的测试。

①极性判别。驻极体传声器的输出端对应内部场效应管的漏极和源极，内部场效应管的栅极和源极之间接有一只二极管，利用二极管的正反向电阻特性可判断驻极体传声器的输出端。极性判别的方法是：将万用表拨至 $R×100$ 挡，黑表笔接驻极体传声器的任一输出端，红表笔接另一端，测得一阻值；再交换表笔，又测得一阻值，比较两次结果，阻值小者，黑表笔接触的为与源极对应的输出端，红表笔接触的为与漏极对应的输出端。

②质量判断。质量判断的方法是：将万用表拨至 $R×1$ k 挡，黑表笔接驻极体传声器的漏极 D，红表笔接驻极体传声器的源极 S，同时接地，用嘴吹传声器观察万用表指针，若万用表指针不动即无指示，说明传声器已失效；有指示则表明正常。指示范围的大小，表示传声器灵敏度的高低。

4. 传声器的使用与维修

1）传声器的使用

传声器是一种比较精细的声电器件，不能经受剧烈的振动，特别是电容式和驻极体式传声器。试音时，最好用说话或音乐，不宜用手指敲打或用力吹气的方法。使用时应离声源有一定距离，太远声小噪声大，太近容易失真。以一般讲话为例，离其 33 mm 左右为宜。应尽量缩短传声器线的长度，且要采用屏蔽线，最好采用双芯屏蔽线。

2）传声器的维修

动圈式传声器可以用万用表测量输出电阻，大致判断其好坏，低阻式的电阻值为 50 ~ 200 Ω，高阻式的电阻值为 500 ~ 1 500 Ω。在测量时，可细听，好的传声器会发出轻微的"咔咔"响声。阻值不对时，说明其变压器有问题，应进行检修。阻值正常而无响时，表明其音圈断路或被卡死，应对音圈进行修复和调整。驻极体传声器音轻时，则多为驻极体失效，需要更换新品，完全无声时，有可能是内部场效应管损坏，可以小心拆开，更换场效应管。但由于这种传声器体积小、结构紧凑，自己修理一般效果并不理想。

3.1.7.2　扬声器

扬声器又称喇叭，它将模拟的话音电信号转化为声波，是音响、收录机的重要元件，它的质量优劣直接影响音质和音响效果。扬声器在电路中用字母"BL"或"B"表示。

1. 扬声器的分类

（1）扬声器按结构分：有电动式（动圈式）扬声器、电磁式（舌簧式）扬声器、压电式（晶体或陶瓷）扬声器和励磁式扬声器等。

（2）按工作频率分，可分为高音扬声器（图 3.100）、中音扬声器、低音扬声器（图 3.101）等。

图 3.100　高音扬声器

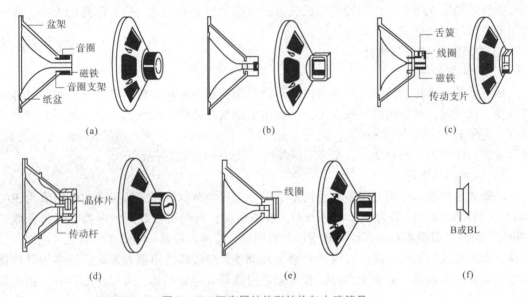

图 3.101　低音扬声器

（3）按形状分类，可分为圆形扬声器、椭圆形扬声器、圆筒形扬声器等。

（4）按用途分类，可分为扩音用扬声器、高保真扬声器、监听用扬声器等。

部分扬声器的外形结构与电路符号如图 3.102 所示。

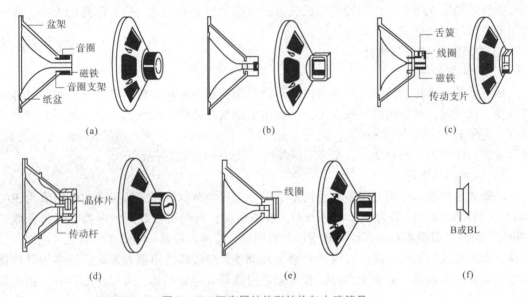

（a）　　　　　　　　　　　（b）　　　　　　　　　　　（c）

（d）　　　　　　　　　　　（e）　　　　　　　　　　　（f）

图 3.102　扬声器的外形结构与电路符号

（a）恒磁式电动扬声器；（b）永磁式（内磁式）扬声器；（c）舌簧式扬声器；（d）晶体式扬声器；

（e）励磁式扬声器；（f）电路符号

2. 电动式扬声器

1）电动式扬声器的结构

电动式扬声器由纸盆、音圈、音圈支架、磁铁、盆架等组成。

纸盆是用特制纸浆经模具压制而成，多数为圆锥形，纸盆材料决定重放音色的表现。纸盆的中心部分同一可动线圈（音圈）做机械连接。音圈位于扬声器永久磁铁的缝隙之间，音圈导线与磁路磁力线成垂直交叉状态。扬声器的结构如图 3.103 所示。

2）电动式扬声器的工作原理

当在扬声器音圈中通入一个音频电流信号时，音圈就会受到一个大小与音频电流成正比，方向随音频电流变化而变化的力，从而产生音频振动，带动纸盆振动，迫使周围空气发出声波。电动式扬声器的工作原理如图 3.104 所示。

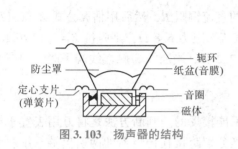

图 3.103　扬声器的结构

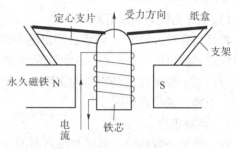

图 3.104　电动式扬声器的工作原理

定心支片的作用：保证并在一定范围内限制纸盆只能沿轴向运动。定心支片、音圈和纸盆共同构成扬声器发音振动系统。

3. 扬声器的主要技术参数

1）尺寸与型号

扬声器标称尺寸是指正面最大直径尺寸，常以 mm 或 in[①] 表示。一般扬声器尺寸越大可承受功率也越大，相应低频响应特性也越好（但尺寸小的扬声器不一定高频特性好）。

2）标称阻抗

标称阻抗是制造厂所规定的扬声器（交流）阻抗值。在这个阻抗上扬声器可获得最大的输出功率。选用扬声器时，其标称阻抗一般应与音频功放器的输出阻抗相匹配，有 4 Ω、6 Ω、8 Ω、16 Ω 和 32 Ω，如不知扬声器阻抗时，可用万用表测量其直流电阻，再乘以 1.1~1.3 的系数来估计。

3）标称功率

标称功率又称额定功率或不失真功率，是指扬声器能长时间正常工作的允许输入功率。最大功率为额定功率的 1.5~2 倍。常用的扬声器的功率有 0.1 W、0.25 W、1 W、3 W、5 W、10 W、30 W、60 W、100 W 等。

4）谐振频率

谐振频率是指扬声器有效频率范围的下限值，通常扬声器的谐振频率越低，扬声器的低音重放性能就越好。优质的重低音扬声器的谐振频率为 20~30 Hz。

5）频率范围

当给扬声器输入一定音频信号的电功率时，扬声器会输出一定的声音，产生相应的声

① 英寸，1 in = 25.4 mm。

压。不同的频率在同一距离上产生的声压是不同的。一般说扬声器口径越大下限频率越低，低音重放效果就越好。一般低音扬声器的频率范围为 20 Hz~3 kHz，中音扬声器的频率范围为 500 Hz~5 kHz，高音扬声器的频率范围为 2~20 kHz。

6）灵敏度

灵敏度是指在规定频率范围内，在自由场条件下，输入视在功率为 1 W 粉红噪声信号时，在扬声器轴线上距参考点 1 m 处测出的平均声压值（Pa），主要用来反映扬声器的电、声转换效率。高灵敏度的扬声器用较小的电功率即可推动。

4. 扬声器的检测

1）估计阻抗和判断好坏

将万用表置 $R×1$ 挡，调零后测出扬声器音圈的直流铜阻 R，然后用估算公式 $Z=1.17R$ 算出扬声器的阻抗。如测得一无标记的扬声器的直流铜阻为 6.8 Ω，则阻抗 $Z=1.17×6.8=7.9$（Ω）。一般 8 Ω 的扬声器的实测铜阻为 6.5~7.2 Ω。当断续碰触接线端子时，如声音清脆、干净，说明音质好。

2）判断相位

在安装组合音响时，高低音扬声器的相位是不能接反的。判断方法是将万用表置于最低的直流电流挡，如 50 μA，用左手持红、黑表笔分别跨接在扬声器的两引出端，用右手食指尖快速地弹一下纸盆，同时仔细观察指针的摆动方向，若指针向右摆动说明红表笔所接的一端为负极。

3.1.7.3 耳机

1. 耳机的作用与特点

耳机也是一种将模拟电信号转换为声音信号的小型电子器件。与扬声器不同的地方在于：

（1）耳机最大限度地减小了左、右声道的相互干扰，因而耳机的电声性能指标明显优于扬声器。

（2）耳机所需输入的电信号很小，因此输出的声音信号的失真很小。

（3）耳机的使用不受场所、环境的限制。

（4）耳机的使用缺陷：长时间使用耳机收听，会造成耳鸣、耳痛的情况，且只限于单人使用。

常见耳机外形如图 3.105 所示。

图 3.105　常见耳机外形

2. 耳机的检测

用万用表的 $R×1$ 挡测量耳机线圈的直流电阻。若测得的直流电阻值略小于标称电阻值，说明耳机是正常的；若测得的直流电阻极小（远小于标称电阻值），说明耳机内部有短路故障；若测得的直流电阻值远大于标称阻值，说明耳机内部线圈出现断线故障。正常的耳机，在使用万用表测量其直流电阻时，会听到"咯咯"的声音；或者用一节电池在耳机两根线上一搭一放，会听到较响的"咯咯"声；若无声音，说明耳机已损坏。

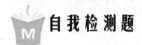 自我检测题

(1) 传声器是将（　　　）转换成（　　　）的器件。

(2) 扬声器是将（　　　）转换成（　　　）的器件。

(3) 家用电器中常用的传声器有（　　　）和（　　　）。

(4) 传声器的电路符号是（　　　），文字符号是（　　　）。

(5) 动圈式传声器由（　　　）、（　　　）和（　　　）组成。

(6) 驻极体传声器由（　　　）和（　　　）两部分组成。

(7) 驻极体传声器的输出方式有两种（　　　）和（　　　）。

(8) 怎样用万用表判断扬声器的好坏？

(9) 如何判断耳机的好坏？

 考核评价

考核评价如表 3.39 所示 。

表 3.39　考核评价

专题 3.1.7　电声器件					
班级		姓名		组号	
					扣分记录
项目	配分	考核要求	评分细则	扣分记录	得分
学习态度、职业素养	20 分	1. 能认真运用信息化手段独立开展学习并有创新性方法； 2. 能够团队协作开展项目学习； 3. 能严谨认真进行实施	1. 直接复制结果扣 20 分； 2. 团队不配合扣 20 分； 3. 查出并直接运用，无创新，扣完 5 分为止； 4. 学习态度应付扣 20 分		

专题 3.1.7　电声器件					
班级		姓名		组号	
					扣分记录
项目	配分	考核要求	评分细则	扣分记录	得分
电声器件的识别	30 分	能正确区分不同的电声器件	1. 直接复制扣 30 分； 2. 按要求进行识别，错一处扣 2 分； 3. 能够正确将电容器的主要参数说出，错一处扣 2 分		
电声器件的检测	50 分	能正确运用指针万用表和数字万用表进行检测并判定好坏	1. 直接复制扣 50 分； 2. 万用表使用不当扣 10 分； 3. 不能判定好坏的一个扣 5 分		
总　分					

任务 3.2　贴装元器件

任务描述

表面组装元器件又称为片式元器件或贴片元器件。其具有组装密度高，电子产品体积小、质量轻、功耗低、精度高等特点。那么如何识别不同类型的贴片元器件呢？下面让我们通过本任务的学习，掌握贴片元器件的基本知识。

任务目标

素养目标	知识目标	技能目标
1. 培养团队协作能力； 2. 培养学生信息查阅和检索能力； 3. 培养学生认真严谨的学习态度。	1. 了解表面组装元器件的特点及种类； 2. 掌握各类表面组装器件； 3. 掌握识别贴片元器件的方法。	1. 能识别不同类型的贴片元器件； 2. 熟练掌握贴片元器件的表示方法； 3. 认识三极管和集成电路的封装形式。

知识链接——跟我学

3.2.1　表面组装元器件的基本知识

随着电子产品不断向小型化和轻型化方向发展，电子元器件由大、重、厚向小、轻、薄的方向发展，从传统的元器件发展为表面组装元器件。表面组装元器件（SMT 元器件）又称为贴片元器件或片式元器件，包括：表面组装元件 SMC（Surface Mount Component）和表面组装器件 SMD（Surface Mount Device）。图 3.106 所示为部分常用表面组装元器件的外形结构。

1. 表面组装元器件的特点

表面组装元器件与传统的通孔元器件相比，具有如下优点：

（1）尺寸小、质量轻、灵敏度高、性能好、安装密度高。体积和质量仅为通孔元器件的 60%。

（2）可靠性高。抗振性好、引线短、形状简单、贴焊牢固、可抗振动和冲击。

SMT 识别
与检测

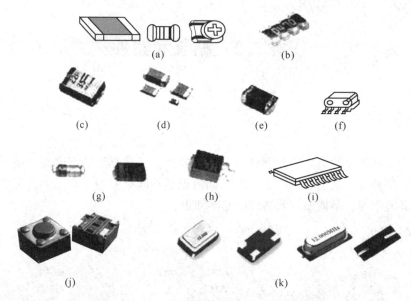

图 3.106　部分常用表面组装元器件的外形结构

（a）片状电阻；（b）电阻排；（c）片状电解电容；（d）片状陶瓷电容；（e）片状电感；（f）片状互感；

（g）片状二极管；（h）片状三极管；（i）片状集成电路；（j）开关；（k）晶振

（3）高频特性好。减少了引线分布特性影响，降低了寄生电容和电感，增强了抗电磁干扰和射频干扰能力。

（4）易于实现自动化。组装时无须在印制板上钻孔，无剪线、打弯等工序，降低了成本，易于大规模生产。

表面组装元器件除以上特点外，还具有低功耗、高精度、多功能、组件化、模块化等特点。

2. 表面组装元器件的分类

1）按元件的功能分类

它分为片式无源元件、片式有源元件和片式机电元件三大类。片式无源元件包括电阻器类、电容器类、电感器类和复合元件（如电阻网络、滤波器、谐振器等）；片式有源元件包括二极管、晶体管、晶体管振荡器等分立器件、集成电路和大规模集成电路；片式机电元件包括片式开关、继电器、连接器和片式微电机等。

2）按元件的结构形式分类

其分为矩形、圆柱形和异形三类。

矩形片式元件包括薄片矩形元件（如片式薄膜电阻器、热敏电阻器、独石电容器、叠层电感器等）和扁平封装元件（如片式有机薄膜电容器、钽电解电容器、电阻网络、复合元件等）。

圆柱形片式元件又称金属电极面结合型元件，简称 MELF 型元件。制成 MELF 型的片式元件有：碳膜电阻器、金属膜电阻器、热敏电阻器、瓷介电容器、电解电容器、二极管等。

异形片式元件指形状不规则的各种片式元件，如半固定电阻器、电位器、铝电解电容器、微调电容器、线绕电感器、晶体振荡器、滤波器、钮子开关、继电器、薄型微电机等。

3）按有无引线和引线结构分类

其分为无引线和短引线两类。无引线片式元件以无源元件居多。具有特殊短引线的片式元件则以有源器件和集成电路为主，片式机电元件一般都具有短引线。适于表面贴装的引线结构有两种：翼形和钩形，如图 3.107 所示。它们各有特点，翼形引线容易检查和更换，但引线容易损坏，所占面积也较大；钩形引线容易清洗，能够插入插座或进行焊接，占地较小，而且用贴装机贴装方便，但不易检查。图 3.108 所示为翼形引线和钩形引线的小型封装集成电路（SOIC）的外形。

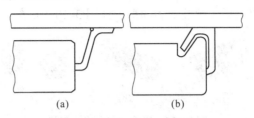

图 3.107　适于表面贴装的短引线结构

（a）翼形引线；（b）钩形引线

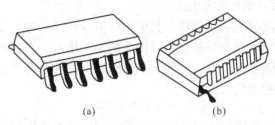

图 3.108　翼形引件和钩形引线的 SOIC 外形

（a）翼形引线；（b）钩形引线

3. 表面组装元器件的外形尺寸

表面组装元器件尺寸表述通常有两种，一种是公制，日本产品大多数采用公制系列；另一种是英制，欧美产品大多数采用英制系列，我国这两种系列都可以使用，如表 3.40 所示。

表 3.40　表面组装元器件的外形尺寸

英制代码	0402	0603	0805	1206	1210	2010	2512
公制代码	1005	1608	2012	3216	3225	5025	6432
实际尺寸/mm	1.0×0.5	1.6×0.8	2.0×1.2	3.2×1.6	3.2×2.5	5.0×2.5	6.4×3.2

无论哪种系列，系列型号的前两位数字都表示元件的长度，后两位数字都表示元件的宽度。公制单位（mm）与英制单位（in）之间的转换关系为

$$1 \text{ in} = 25.4 \text{ mm}$$

例如：3216（1206），表示长 3.2 mm（0.12 in），宽 1.6 mm（0.06 in）。

在有功耗要求的电路中，采用 3216（1206）以上尺寸的片式电阻器；在普通电子产品中，1608（0603）已成为主流元件；而在手机等需要高密度安装的产品中，则以 1005（0402）为主。

3.2.2　常见表面组装元器件

1. 表面贴装电阻

1) 表面贴装电阻的形状及特点

表面贴装电阻常制成矩形、圆柱形和异形，如图 3.109 所示。

（a）　　　　　　（b）　　　　　　（c）

图 3.109　表面贴装电阻的形状

（a）矩形电阻器；（b）圆柱形电阻器；（c）可调电阻器

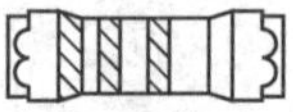

图 3.110　圆柱形
电阻器

（1）圆柱形电阻器。

其外形为一圆柱体，其电阻体有两种：碳膜、金属膜，碳膜型的占主要。膜上刻有螺纹槽，电阻体的两端各压入一个供焊接用的金属电极，外面用绝缘釉层裹覆，如图 3.110 所示。这种结构与传统的薄膜型电阻器基本上是一样的，只不过把引线去掉而已。

（2）矩形电阻器。

其外形为扁平状，其电阻体有两种：薄膜和厚膜。前者是气相沉积的金属膜（镍铬或氮化钽薄膜）；后者则为印制的金属玻璃釉膜，金属玻璃釉也有两种：贵金属系（氧化钌系）和贱金属系（钽系），目前用得较多的是氧化钌系。

此外，还有线绕型片式电阻和块金属片式电阻。

（3）矩形与圆柱形表面组装电阻的性能比较。

矩形表面组装电阻其机械强度高、高频特性好、性能稳定；而圆柱形表面组装电阻常采用金属膜或碳膜制成，其价格低廉、噪声和谐波失真较小，但高频特性较差。

矩形表面组装电阻多用于移动通信、调谐等较高频率的电路中；圆柱形表面组装电阻多用于常规的音响设备中。

2) 表面贴装电阻的命名

表面贴装电阻的命名，目前尚无统一规则，常见的主要命名方法如表 3.41 和表 3.42 所示。

表 3.41　国内 RI11 型片式电阻器系列

RI11	0.125 W	10 Ω	5%
代号	功率	阻值	允许偏差

表 3.42　美国电子工业协会（EIA）系列

RC3216	K	103	F
代号	功率	阻值	允许偏差

EIA 标识中，代号中的字母表示矩形片式电阻器，4 位数字给出电阻器的长度和宽度。如 3216 表示 3.2 mm ×1.6 mm。矩形片式电阻器较薄，一般为 0.5~0.6 mm。

阻值一般直接标注在电阻器的一面，黑底白字，如图 3.111 所示。阻值的表示方法采用文字符号法，用三位数表示，前两位数字表示阻值的有效数字，第三位表示有效数字后零的个数，如 100 表示 10 Ω，102 表示 1 kΩ。当阻值小于 10 Ω 时，以×R×表示，将 R 看做小数点，如 8R1 表示 8.1 Ω。000 表示阻值为 0 Ω 的电阻器，阻值为 0 Ω 的电阻器为跨接片，其额定电流容量为 2 A，最大浪涌电流为 10 A。当用四位数字表示阻值大小时，前三位为有效数字，第四位表示有效数字后零的个数，如 3301 表示 3.3 kΩ。图 3.112 所示为矩形片式电阻器的实物图。

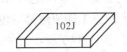

图 3.111　矩形片式电阻器阻值标识

图 3.112　矩形片式电阻器的实物图

允许偏差字母的含义完全与普通电阻器相同：D 为±0.5%，F 为±1%，G 为±2%，J 为±5%，K 为±10%。

有的表面贴装电阻器表面不加阻值标记，标记在包装袋或卷盘上。

跟我练：

试读出表 3.43 中表面贴装电阻的阻值大小。

表 3.43　表面贴装电阻的阻值

贴装电阻	阻值
101	
124	
6R8	
4702	

2. 表面贴装电容

表面贴装电容器根据使用材料的不同分类较多，比较常用的有多层陶瓷电容、独石电容、电解电容（铝电解电容和钽质电容）等。

1）表面贴装电容器的结构

（1）表面贴装陶瓷电容器。

表面贴装陶瓷电容器有矩形和圆柱形两种，其中矩形表面贴装陶瓷电容器应用最多，它采用多层叠加结构，又称独石电容。同普通陶瓷电容器相比它有许多优点：比容大、内部电感小、损耗小、高频特性好、内电极与介质材料共烧结、耐潮性能好和可靠性高。

图 3.113 所示为矩形表面贴装陶瓷电容器的结构示意图，图 3.114 所示为表面贴装陶瓷电容器的实物图。

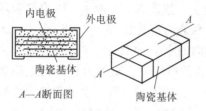

图 3.113　矩形表面贴装陶瓷电容器的结构示意图　　图 3.114　表面贴装陶瓷电容器的实物图

（2）表面贴装电解电容。

表面贴装电解电容分铝电解电容和钽电解电容。铝电解电容体积大、价格便宜，适于消费类电子产品中使用，使用液体电解质，其外观和参数与普通铝电解电容相近，仅引脚及封装形式不同。钽电解电容体积小、价格贵、响应速度快，适于高速运算的电路中使用。

图 3.115 所示为表面贴装钽电解电容器的结构示意图，图 3.116 所示为钽电解电容器的实物图，图 3.117 所示为铝电解电容器的实物图。

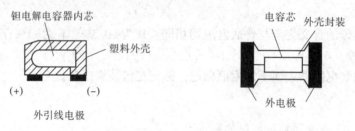

图 3.115　表面贴装钽电解电容器的结构示意图

图 3.116　钽电解电容器的实物图　　　图 3.117　铝电解电容器的实物图

图 3.118　表面贴装可调
电容器的实物图

（3）表面贴装可调电容器。

表面贴装可调电容器由一组定片和一组动片组成，其容量随动片的转动而连续改变。它的通信介质有空气和聚苯乙烯两种，前者体积较大、损耗较小，可用于更高频率的场合。表面贴装可调电容器的实物图如图 3.118 所示。

（4）表面贴装电容器的类型与容量关系。

表面贴装电容器的容量因所用的介质不同而各异，其容量范围如表 3.44 所示。

表 3.44　表面贴装电容器的类型与容量范围

电容类型	容量范围
独石电容	0.5 pF~4.7 μF
多层套系电容	0.5 pF~47 μF
电解电容	1~470 μF

2）表面贴装电容器的命名

（1）表面贴装电容器的命名及容量表示方法。

表面贴装电容器的命名方法有多种，常见的主要命名方法如表 3.45 和表 3.46 所示。

表 3.45　国内矩形片式电容器

CC3216	CH	151	K	101	WT
代号	温度特性	容量	偏差	耐压	包装

表 3.46　美国 Predsidio 公司表面贴装电容器

CC1206	NPO	151	J	ZT
代号	温度特性	容量	偏差	耐压

与矩形片式电阻器相同，代号中的字母表示贴片陶瓷电容器，4 位数字表示其长宽，厚度略厚一点，一般为 1~2 mm。

容量的表示法也与片式电阻器相似，前两位表示有效数字，第三位表示有效数字后零的个数，单位为 pF，如 151 表示 150 pF，1p5 表示 1.5 pF。

表面贴装电解电容器的额定电压为 4~50 V，容量标称系列值与有引线元件类似，最高容量为 330 μF。

（2）电容的正负极区分。

极性标志直接印在元件上，钽电解电容有横标一端为正极，如图 3.116 所示。容量表示法与矩形片式电容器相同，如 107 表示 10×10^7 pF，即 100 μF。

铝电解电容颜色较深（或有负号标记）的一极为负极，如图 3.117 所示。

陶瓷电容是无极性的，贴装时无方向性。但陶瓷电容的容量一般不丝印在元件表面，且大小、厚度和颜色同样的电容，容量大小也不一定相同，因此对其容量的判定必须借助检测仪表进行测量。

3）表面贴装电容的偏差表示

偏差在允许偏差范围内的电容均为合格品。其允许偏差部分字母的含义如表 3.47 所示。

表 3.47　表面贴装电容的允许偏差部分字母的含义

级别代码	C	D	F	J	K	M	H	I
允许偏差	±0.25%	±0.5%	±1%	±5%	±10%	±20%	±25%	80%/−20%

例如：104K 表示容值在 90~110 nF 为合格品；

104Z 表示容值在 80~180 nF 为合格品。

4）表面贴装电容的耐压

耐压值表示此电容允许的工作电压，若超过此电压，将影响其电性能，乃至其被击穿而损坏。

表面贴装电容的耐压有低压和高压两种：低压为 200 V 以下，一般为 50 V 和 100 V 两挡；中高压一般有 200 V、300 V、500 V、1 000 V。另外，贴片矩形电容器无极性标志，贴装时无方向性。电解电容的额定电压为 4~50 V。一般常见的耐压值有如表 3.48 所示的几种，常用数字或字母代码表示。

表 3.48　表面贴装电容的耐压值系列

字母代码	G	J	A	C	D	E	V	H
耐压值/V	4	6.3	10	16	20	25	35	50

例如："50 V 332±10% 0603" 表示耐压值为 50 V，容值为 3 300 pF，偏差为 ±10%（2 970~3 630 pF 合格），外观尺寸的长、宽分别为 1.6 mm 与 0.8 mm。

跟我练：

试读出表 3.49 中表面贴装电容的容量。

表 3.49　表面贴装电容的容量

贴装电容	容量
101	
104	
R75	

3. 表面贴装电感

表面贴装电感有线绕式和非线绕式（如多层片式电感）两大类。

1）表面贴装电感的形状及特点

（1）线绕电感器。

图 3.119 所示为线绕电感器的结构示意图。线绕电感器采用高导磁性铁氧体磁芯，以提高电感量，可垂直缠绕和水平缠绕，水平缠绕的电性能更好。其电感量范围为 0.1~1 000 μH，额定电流最高为 300 mA。图 3.120 所示为线绕电感器的实物图。

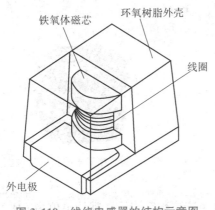

铁氧体磁芯　环氧树脂外壳

线圈

外电极

图 3.119　线绕电感器的结构示意图

图 3.120　线绕电感器的实物图

（2）叠层型片式电感器（多层电感器）。

图 3.121 所示为叠层型片式电感器的结构示意图。叠层型片式电感器的尺寸小、Q 值低、电感量也小，电感量范围为 $0.01 \sim 200\ \mu H$，额定电流最高为 100 mA，具有磁路闭合、磁通量泄漏少、不干扰周围元器件、不易受干扰和可靠性高等优点。图 3.122 所示为叠层型片式电感器的实物图。

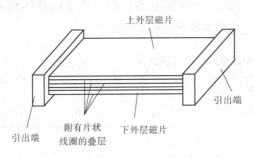

上外层磁片

引出端

引出端　附有片状
线圈的叠层　下外层磁片

图 3.121　叠层型片式电感器的结构示意图

图 3.122　叠层型片式电感器的实物图

（3）薄膜电感器。

图 3.123 所示为薄膜电感器的实物图。薄膜电感器具有在微波频段保持高 Q、高精度、高稳定性和小体积的特性。其内电极集中于同一层面，磁场分布集中，能确保贴装后的器件参数变化不大，在 100 MHz 以上呈现良好的频率特性。

（4）功率电感器。

功率电感器广泛应用于数码产品、PDA、笔记本电脑、电脑主板、移动电话、网络通信、显卡、液晶背光源、电源模块、汽车电子、安防产品、办公自动化、家庭电器、对讲机、电子玩具、运动器材及医疗仪器等中。图 3.124 所示为功率电感器的实物图。

2）表面贴装电感的表示方法

电感的结构与材料不同，其电感量的范围也不同。例如，使用材料代码为 A 的多层片式电感，其电感量为 $0.047 \sim 1.5\ \mu H$；而使用材料代码为 M 的多层片式电感，其电感量为

2.2~100 nH。

图 3.123　薄膜电感器的实物图

图 3.124　功率电感器的实物图

与贴装电阻和电容一样，电感量的大小也由三位数字表示，默认单位为 μH。

例如：100 表示电感量为 10 μH；

R15 表示电感量为 0.15 μH，其中 R 代表小数点；

1R0 表示电感量为 1.0 μH。

有时三位数字中出现 N 时，表示单位为 nH，同时 N 还表示小数点。

例如：68N 表示电感量为 68.0 nH（0.068 μH）。

3）表面贴装电感的偏差表示

线绕式电感的精度可以做得很高，有 G、J 级；而薄膜电感、多层片式电感的精度较低，一般为 K、M 级。表 3.50 所示为常见的电感偏差级别代码和偏差值。

表 3.50　常见的电感偏差级别代码和偏差值

级别代码	G	J	K	M	N	C	S	D
允许偏差	±2%	±5%	±10%	±20%	±30%	±0.2%	±0.3%	±0.5%

4）频率特性

电感的频率特性这一参数特别重要，目前一般将电感按频率特性分为高频和中频电感两类，高频电感的电感量较小，一般为 0.05~1 μH，而中频电感的电感量范围较大。

4. 表面贴装晶体管

各种二极管、三极管、MOS 管和 1 W（带散热片时）的功率晶体管均可做成片式封装。图 3.125 所示为表面贴装晶体管的结构示意图。

1）表面贴装二极管

表面贴装二极管有无引线柱形玻璃封装、SOT 型塑料封装和片式塑料封装等。无引线柱形玻璃封装二极管是将管芯封装在细玻璃管内，两端以金属帽为电极。图 3.126 所示为表面贴装二极管实物图。

一般矩形表面贴装二极管有三条 0.65 mm 短引线。根据管内所含二极管数量及连接方式，有单管、对管之分；对管表面贴装二极管又分共阳（共正极）、共阴（共负极）、串接等方式，如图 3.127 所示，其中 NC 表示空脚。

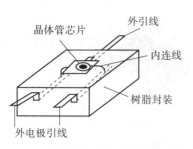

图 3.125   表面贴装晶体管的结构示意图   图 3.126   表面贴装二极管实物图

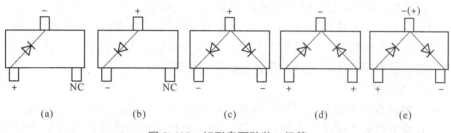

图 3.127   矩形表面贴装二极管

常见表面贴装二极管的形状如图 3.128 所示。

图 3.128   常见表面贴装二极管的形状
（a）塑料矩形薄片二极管；（b）无引线柱形玻璃封装二极管；（c）塑料矩形薄片二极管

2）表面贴装三极管

表面贴装三极管又称为芝麻三极管（体积微小），分为 NPN 管和 PNP 管，有普通管、超高频管、高反压管、达林顿管等。图 3.129 所示为常见矩形表面贴装三极管。

表面贴装三极管采用带有翼形短引线的塑料封装，有 SOT-23、SOT-89、SOT-143 和 SOT-252 等几种结构，产品有小功率管、大功率管、场效应管和高频管几个系列。其中 SOT-23 是通用的表面贴装三极管。下面简单介绍表面贴装三极管的形状及特点。

（1）SOT-23 封装。

SOT-23 封装的表面贴装三极管的实物图如图 3.130（a）所示。其特点为将器件有字的一面对着自己，有一个引脚的一端朝上，上端为集电极，下左端为基极，下右端为发射极。

（2）SOT-89 封装。

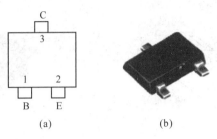

图 3.129　常见矩形表面贴装三极管
(a) 外形；(b) 实物

SOT-89 封装的表面贴装三极管的实物图如图 3.130 (b) 所示。其特点为字面对着自己，引脚朝下，从左到右依次为 B、C、E。3 个薄的短引脚分布在三极管的一端，管底面有金属散热层与集电极相连，三极管芯片黏结在较大面铜片上，以利于散热，通常用于较大功率的器件。这类封装常见于硅功率表面贴装三极管。

(3) SOT-143 封装。

SOT-143 封装有 4 个翼形的引脚，对称分布在长边的两侧，引脚中宽度偏大一点的是集电极，另有两个引脚相通的是发射极，余下的一个是基极。这类封装常见于双栅场效应管及高频晶体管。其实物图如图 3.130 (c) 所示。

(4) SOT-252 封装。

SOT-252 封装有 3 个翼形的引脚，其中两个引脚比较长，最左边的长引脚为发射极 E，最右边的长引脚为基极 B，中间的短引脚为集电极 C。其实物图如图 3.130 (d) 所示。

图 3.130　表面贴装三极管的封装形式
(a) SOT-23 封装；(b) SOT-89 封装；(c) SOT-143 封装；(d) SOT-252 封装

5. 表面贴装集成电路

1) 表面贴装集成电路的封装形式及特点

表面贴装集成电路有多种封装形式，下面分别具体介绍。

(1) SOP 封装。

SOP 封装是由双列直插式封装 DIP 演变而来，是 DIP 集成电路的缩小形式。它采用双列翼形引脚结构。小外形集成电路常见于线性电路、逻辑电路和随机存储器等单元电路中。其实物图如图 3.131（a）所示。

（2）SOJ 封装。

SOJ 封装引脚结构不易损坏，且占用 PCB 的面积较小，能够提高装配密度。其实物图如图 3.131（b）所示。

（3）PLCC 封装。

PLCC 封装采用的是在封装体的四周具有下弯曲的 J 形短引脚。由于 PLCC 组装在电路基板表面，不必承受插拔力，所以一般采用铜材料制成，这样可以减小引脚的热阻柔性。PLCC 几乎是引脚数大于 40 的塑料封装 DIP 所必需的替代封装形式。其实物如图 3.131（c）所示。

（4）QFP 封装。

QFP 封装是专为小引脚间距表面组装 IC 而研制的新型封装新式。QFP 是适应 IC 容量增加、I/O 数量增多而出现的封装形式，目前已被广泛使用。其实物如图 3.131（d）所示。

（5）BGA 封装。

BGA 封装即球栅阵列，其特点主要是芯片引脚不是分布在芯片的周围而是在封装的底面。它主要应用在通信产品和消费产品上。其实物图如图 3.131（e）所示。

（6）CSP 封装

CSP 封装尺寸与裸芯片相同或比裸芯片稍大，它能适应再流焊组装。CSP 是一种有品质保证的封装形式。器件质量可靠、安装高度低，可达 1 mm。其实物图如图 3.131（f）所示。

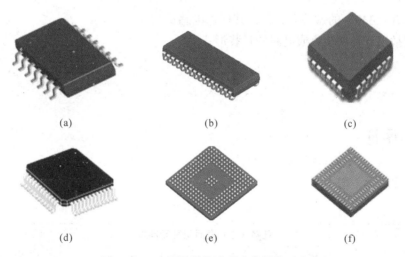

（a）　　　　　　　　　（b）　　　　　　　　　（c）

（d）　　　　　　　　　（e）　　　　　　　　　（f）

图 3.131　表面贴装集成电路的封装形式

（a）SOP 封装；（b）SOJ 封装；（c）PLCC 封装；（d）QFP 封装；（e）BGA 封装；（f）CSP 封装

2）表面贴装集成电路的引脚判别

通常情况下，所有 IC 都会在其本体上标示出方向点，根据其方向点可以判定出 IC 第一个引脚所在位置，判定方法为：字面对着自己，正放 IC，边角有缺口（或凹坑、白条线、圆点等）标识边的左下角第 1 引脚为集成电路的第 1 个引脚，再以逆时针方向依次为第 2、3、4 等引脚。集成电路引脚排列如图 3.132 所示。

贴装 IC 时，必须确保其第 1 引脚与 PCB 上相应的丝印标识（缺口、圆点、圆圈或

"1") 相对应，且要保证各引脚在同一平面，无损伤变形。

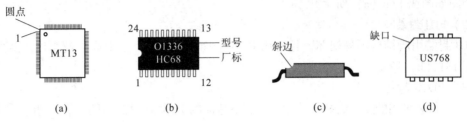

图 3.132　集成电路引脚排列

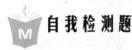

自我检测题

（1）贴装电阻器表面标注"473"，其标称阻值为（　　　　）。

（2）钽电解电容器，带有标志条的一侧为（　　）极；铝电解电容器，带有标志条的一侧为（　　）极。

（3）用示意图表示出贴装三极管的三个引脚电极。

（4）标有"330"的贴装电感器，其标称电感量为（　　　　）。

（5）列举出五种贴装集成电路的封装形式。

考核评价

考核评价如表 3.51 所示。

表 3.51　考核评价

任务 3.2　表面组装元器件					
班级		姓名		组号	
项目	配分	考核要求		评分细则	扣分记录
学习态度、职业素养	20 分	1. 能认真运用信息化手段独立开展学习并有创新性方法；2. 能够团队协作开展项目学习；3. 能严谨认真进行实施		1. 直接复制结果扣 20 分；2. 团队不配合扣 20 分；3. 查出并直接运用，无创新，扣完 5 分为止；4. 学习态度应付扣 20 分	

续表

任务 3.2　表面组装元器件					
班级		姓名		组号	
项目	配分	考核要求		评分细则	扣分记录 / 得分
表面组装元器件的识别	30 分	能正确区分不同的表面组装元器件		1. 直接复制扣 30 分； 2. 按要求进行识别，错一处扣 2 分； 3. 能够正确地将电容器的主要参数说出，错一处扣 2 分	
表面组装元器件的检测	50 分	能正确运用指针万用表和数字万用表进行检测并判定好坏		1. 直接复制扣 50 分； 2. 万用表使用不当扣 10 分； 3. 不能判定好坏的一个扣 5 分	
总　分					

任务 3.3　双音报警电路的制作与调试

任务描述

双音报警器是能够发出高、低频率音调的报警装置。本任务要求在面包板上制作一个双音报警器，使电路通过一个小型扬声器发出两种不同频率的"滴、嘟、滴、嘟……"报警声。在任务实施环节，综合利用所学知识识别和检测元器件，在面包板上构建电路并进行测试，最终实现电路功能。

任务目标

```
素养          知识          技能
目标          目标          目标
```

1. 培养团队协作能力； 2. 培养学生信息查阅和检索能力； 3. 培养学生认真严谨的学习态度。	1. 掌握各类元器件的识别和检测方法； 2. 掌握555时基电路构成的多谐振荡器； 3. 熟悉555时基电路控制端的功能和作用。	1. 能熟练识别和检测各类元器件； 2. 能够熟练应用555集成电路； 3. 能够完成电路制作和调试。

仪器及元器件清单

1. 仪器

万用表、示波器。

2. 焊接器材

NE555 2 个；10 kΩ 电阻 3 个；100 kΩ 电阻 1 个；150 kΩ 电阻 1 个；10 μF 电解电容 1 个；0.01 μF 电容 2 个；100 μF 电解电容 1 个；小功率电动式扬声器 1 个。

实训内容

图 3.133 所示为救护车双音报警器的电路原理图，该电路由 555 定时器、扬声器及外围元件构成。

救护车双音报警器由两个 555 集成块组成。其 IC1 的 5 脚为控制端，片内接比较器的反向输入端。一般 555 组成自激多谐振荡器时，将 5 脚通过一个小电容（0.01~0.1 μF）接地，以防止外界干扰对阈值电压的影响，当需要把它变成可控多谐振荡器时，可以在电路的 5 脚外加一个控制电压，这个电压将改变芯片内比较电平，从而改变振荡频率；当控制

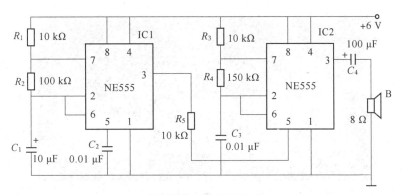

图 3.133　救护车双音报警器的电路原理图

电压升高（降低）时，振荡频率降低（升高），这就是控制电压对振荡信号频率的调制。利用这种调制方法，可组成双音报警器。IC1 输出的方波信号，通过 R_5 控制 IC2 的 5 脚电平。当 IC1 输出高电平时，IC2 的振荡频率低；当 IC1 输出低电平时，IC2 振荡频率高，所以 IC2 的振荡频率被 IC1 输出电压调制为两种音频频率，使扬声器发出"滴、嘟、滴、嘟……"的双音声响，其波形如图 3.134 所示。

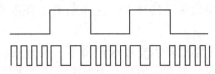

图 3.134　救护车报警声的波形

1. 电路组装

步骤 1：准备技术文件，熟悉双音报警器的工作原理。

步骤 2：识别和检测元器件。

首先检查各元器件外观，外观应完整无损，各种型号、规格、标志应清晰、牢固，若外观无异常则用万用表进行检测。

步骤 3：在面包板上装配电路。

根据图 3.133 所示电路原理图，在面包板上构建电路，注意元器件布局应整齐、美观，导线连接规范、可靠。按照如下顺序进行电路装配：

（1）确定集成块在面包板的位置。

（2）装配 IC1 及其外围电路。

（3）装配 IC2 及其外围电路。

（4）连接 IC1 和 IC2。

装配好的电路如图 3.135 所示。

2. 电路的测试与调整

通电前，先观察电路有无明显故障，如线路虚接、接点生锈、元器件方向错误、极性错误、元件松动等，若有则及时调整，若无直观故障，则可接通电路。

通电后，眼要看电路内有无打火、冒烟等现象；耳要听电路内有无异常声音；鼻要闻电路内有无烧焦、烧煳的异味；手要触摸集成电路绝缘外壳是否发烫，发现异常应立即断

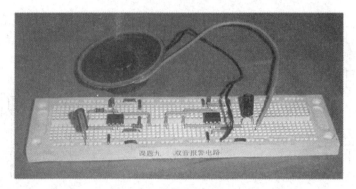

图 3.135　装配好的电路

电。若无异常，则对电路进行测试。测试时试听音响效果，听电路发出的声音是否接近生活中救护车的鸣笛声，若电路不能正常工作，可取下电阻 R_5，接通电源，用示波器或扬声器来判断故障处在哪一极，也可去掉 C_4，试听音响效果。

3. 常见故障及原因

（1）扬声器不发声。

原因是电路有漏接、虚接或错接的地方，应切断电源并参照电路原理图，用万用表检测各回路的连接情况。

注意：应首先检测集成电路的基本连接（电源端、接地端、复位端等）是否正常，然后再检查外围回路的连接情况，不可无规律、无顺序地随意测量。

（2）扬声器发声，但是音调没有变化。扬声器能发出声音说明 IC2 及其外围电路的工作是正常的，但是 IC1 的 3 引脚输出的方波没有改变 IC2 的 5 引脚电压。此时应检查 IC1 的 3 引脚是否输出正常。若不正常，按照第一步的方法进行电路检测。

拓展训练

查阅资料，分析图 3.136 所示电路原理图，在面包板上完成该电路的制作及调试，实现其功能。

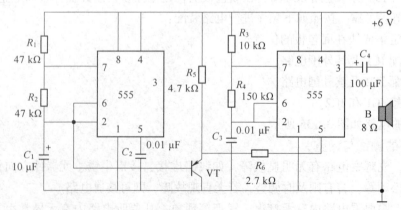

图 3.136　电路原理图

自我检测题

（1）555 定时器的典型应用电路有（　　　　　）、（　　　　　）、（　　　　　）。

（2）施密特触发器常用于（　　　　　）电路。多谐振荡电路又称为（　　　　　）。

（3）如何识别 555 集成电路的引脚？

 考核评价

考核评价如表 3.52 所示。

表 3.52　考核评价

任务 3.3　双音报警器的制作与调试					
班级		姓名		组号	扣分记录 得分
项目	配分	考核要求	评分细则		
学习态度、职业素养	20 分	1. 能认真运用信息化手段独立开展学习并有创新性方法； 2. 能够团队协作开展项目学习； 3. 能严谨认真进行实施	1. 直接复制结果扣 20 分； 2. 团队不配合扣 20 分； 3. 查出并直接运用，无创新，扣完 5 分为止； 4. 学习态度应付扣 20 分		
元器件的识别	10 分	能正确区分和识别不同的元器件	1. 直接复制扣 10 分； 2. 按要求进行识别，错一处扣 1 分； 3. 能正确将元器件的主要参数说出，错一处扣 1 分		
电路的制作	40 分	要求插装正确，走线规范整齐，布局合理	1. 插装不正确直接扣 40 分； 2. 走线不规范扣 10 分； 3. 布局不合理扣 10 分		
电路的调试	30 分	能正确进行电路测试，能进行故障检测及排除	1. 不会测试直接扣 30 分； 2. 不会检测故障扣 10 分； 3. 故障不能排除扣 10 分		
总　分					

模块 4

常用电路焊接技术及工艺

 **课 岗 对 接**

电子产品焊接调试岗位具体要求：

1. 能熟练进行电路板焊接、拆焊及生产组装工作。
2. 保证焊接质量，负责产品电路板的焊接工作、焊接板的品质异常处理工作。

任务 4.1 通孔元器件的手工焊接技术及工艺

任务描述

　　手工焊接是比较传统的焊接方法，虽然目前电子产品的焊接多采用自动焊接方法，但对电路板的调试、维修过程仍需要用到手工焊接。手工焊接是一项实践性很强的技能，需要多练、多实践，才能保证焊接质量。本次任务通过学习引线成型、手工焊接、拆焊、焊点质量检查，为后续电子产品的组装调试奠定基础。

任务目标

素养目标	知识目标	技能目标
1. 培养团队协作能力； 2. 培养学生信息查阅和检索能力； 3. 培养学生认真严谨的学习态度。	1. 掌握导线的选用及加工方法； 2. 掌握通孔元器件的焊接及拆焊方法； 3. 掌握焊点质量检查方法。	1. 能进行元器件导线的加工及安装； 2. 能进行通孔元器件的焊接及拆焊； 3. 能对焊点质量进行检测并处理异常。

知识链接——跟我学

4.1.1 导线的选用及加工

导线是电子整机产品中必不可少的线材，它主要用于电路之间、分机之间进行电气连接与相互间传递信号。了解导线的性能与特点，正确选择和合理使用对提高生产质量、保证产品质量是至关重要的。

器件装配到 PCB 之前，应根据安装位置特点及工艺要求，预先将元器件的引线加工成一定形状，再进行插装。成型后的元器件既便于装配，提高装配质量和效率，又性能稳定、整齐、美观。

1. 导线的选用

1）电路条件

（1）允许电流：导线通电时会产生升温，在一定温度限制下的电流值为允许电流，对于不同绝缘材料、不同截面积的导线，其允许电流不同，导线选择时在电路中工作时的电流要小于允许电流。

（2）导线电阻的电压降：当导线较长时要考虑导线电阻对电压的影响，为了减小导线上的电压降，常选取较大截面积的导线。

（3）额定电压：导线绝缘层的绝缘电阻是随电压导线绝缘层的升高而下降的，如果电压超过一定的值，则会发生导线间击穿放电现象，因此一般取击穿电压的 20% 作为导线的额定电压。

（4）使用频率及特性阻抗：如果通过导线的信号频率较高，则必须考虑导线的阻抗、介质损耗等因素。射频电缆的阻抗必须与电路的特性阻抗相匹配，否则电路就不能正常工作。

（5）信号线的屏蔽：当导线用于传输低电平信号时，为了防止外界的噪声干扰，应选用屏蔽线。

2）环境条件

（1）机械条件：导线应具备良好的拉伸强度、耐磨损性和柔软性，以适应环境的机械振动等条件。

（2）环境温度：环境温度对导线的影响很大，高温会使导线变软，低温会使导线变硬，甚至变形开裂，造成事故，因此选择的导线要能适应产品的工作温度。

（3）耐老化性：各种绝缘材料都会老化腐蚀。例如，在长期的日光照射下，橡胶绝缘层的老化会加速，接触化学溶剂可能会腐蚀导线的绝缘外皮。因此要根据产品工作的温度、湿度及气候的要求选择相应的导线。

2. 绝缘导线的加工

1）剪裁

剪裁是指按导线加工的工艺规定用直尺、剪刀或斜口钳，对导线进行剪切，长度应符合公差要求，如表 4.1 所示。

表 4.1　导线长度与公差要求

长度/mm	50	50~100	100~200	200~500	500~1 000	1 000 以上
公差/mm	+3	+5	+5~+10	+10~+15	+15~+20	+30

2) 剥头

利用剪刀、电工刀或剥线钳等工具对绝缘导线的端头绝缘层进行剥离，在生产中剥头长度应根据芯线截面积和接线端子的形状来确定，可按表 4.2 来选择剥头长度及调整范围。

表 4.2　剥头长度及调整范围

连线方式	剥头长度/mm	
	基本尺寸	调整范围
搭焊连接	3	+2~0
勾焊连接	6	+4~0
绕焊连接	15	±5

3) 清洁

绝缘导线在空气中长时间放置，导线端头易被氧化，有些芯线上有油漆层。故在浸锡前应进行清洁处理，除去芯线表面的氧化层和油漆层，提高导线端头的可焊性。清洁的方法有两种：一是用小刀刮去芯线的氧化层和油漆层，在刮时注意用力适度，同时应转动导线，以便全面刮掉氧化层和油漆层；二是用砂纸清除掉芯线上的氧化层和油漆层，用砂纸清除时，砂纸应由导线的绝缘层端向端头单向运动，以避免损伤导线。

4) 捻头

多股芯线经过清洁后，芯线易松散开，因此必须进行捻头处理，以防止浸锡后线端直径太粗，捻头时应按原来合股方向扭紧，芯线扭紧后不得松散，一般捻头角度为 30°~45°，如图 4.1 所示。

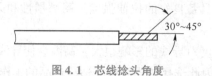

图 4.1　芯线捻头角度

5) 搪锡（又称上锡）

搪锡是指对捻紧端头的导线进行浸涂焊料的过程。搪锡可以防止已捻头的芯线散开及氧化，并可提高导线的可焊性，减少虚焊、假焊的故障现象。通常使用锡锅浸锡，锡锅通电加热后，锅中的焊料熔化。将导线端蘸上助焊剂，然后将导线垂直插入锅中，并且使浸锡层与绝缘层之间有 1~2 mm 间隙，待浸润后取出即可，浸锡时间为 1~3 s。还可以用电烙铁进行手工搪锡，将已经加热的烙铁头带动熔化的焊锡顺着捻头的方向来回移动，这种方法一般适合于小批量生产或产品的设计、试制阶段。

6）印标记

对于复杂产品中的多根导线，应在导线两端印上线号或色环标记，使安装、焊接、调试、修理、检查时方便快捷。印标记的方式有导线端印字标记、导线染色环标记和将印有标记的套管套在导线上等，如图 4.2 所示。

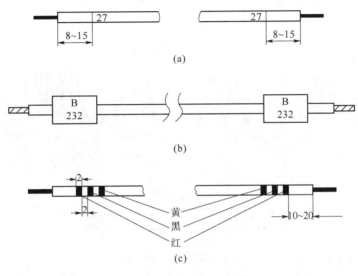

图 4.2　导线印标记方法

（a）导线端印字标记；（b）绝缘导线端部套标记套管作为标记；（c）导线染色环标记

3. 元器件引线的成型

引线成型的目的是使元器件在印制电路板上的装配排列整齐，并便于安装和焊接，提高装配质量和效率，增强电子设备的防振性和可靠性。

1）元器件成型的工艺要求

（1）元器件的引线成型尺寸应符合安装尺寸要求。

（2）元器件的标志方向应按照图纸规定的要求，安装后能看清元器件上的标志，若装配图上没有指明方向，则应使标记向外，易于辨认，并按从左到右、从上到下的顺序读出。

（3）引线成型后，引线弯曲部分不允许出现模印和压痕，元器件本体不应产生破裂，表面封装不应损坏或开裂。

（4）在手工成型过程中任何弯曲处都不允许出现直角，即要有一定的弧度，且其 R 不得小于引线直径的两倍，并且离元器件封装根部至少为 2 mm 的距离，否则会使折弯处的导线截面变小，电器特性变差。

2）不同元器件的成型要求

引线成型工艺就是根据焊点之间的距离，制成需要的形状，目的是使它能迅速而准确地插入孔内。不同元器件的成型方式如图 4.3 所示。

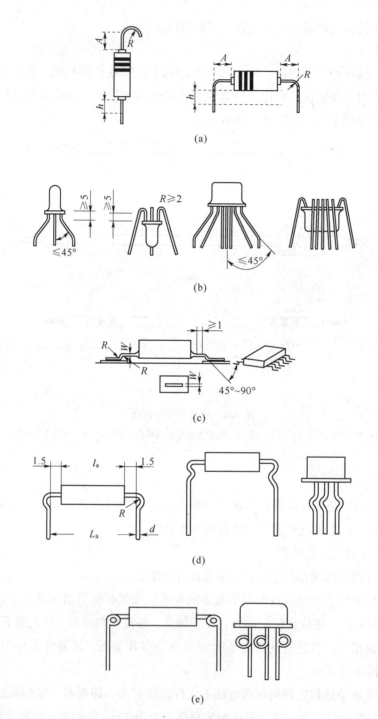

图 4.3　不同元器件的成型方式

（a）小型电阻或外形类似电阻的元器件的成型形状及尺寸；（b）晶体管和圆形外壳集成电路的成型要求；

（c）扁平封装集成电路或贴片元件 SMD 的引线成型要求；（d）自动组装时元器件引线成型的形状；

（e）易受热的元器件（如晶体管等）的引线成型形状

4. 引线加工及成型—跟我练

将给定的电阻、电容、二极管、三极管的引线加工成手工焊接的形状，并记录问题及解决方法，填入表4.3中。

表 4.3　记录表

元器件	问题	解决方法
电阻		
电容		
二极管		
三极管		

4.1.2　手工焊接

目前，虽然电子产品生产大都采用自动焊接技术，但在产品研制、设备维修以及一些小型电子产品的生产中，仍广泛使用手工焊接，对于通孔元器件的手工焊接是电子技术工作人员必须掌握的技能。

1. 手工焊接基本步骤

（1）准备施焊。准备好焊锡丝和烙铁。此时特别强调烙铁头部要保持干净，即可以沾上焊锡（俗称吃锡）。

（2）加热焊件。将烙铁接触焊接点，首先要保证烙铁加热焊件各部分，例如印制板上引线和焊盘都使之受热，其次要注意使烙铁头的扁平部分 手工焊接技术（较大部分）接触热容量较大的焊件，烙铁头的侧面或边缘部分接触热容量较小的焊件，以保持焊件均匀受热。

（3）熔化焊料。当焊件加热到能熔化焊料的温度后将焊丝置于焊点，焊料开始熔化并润湿焊点。

（4）移开焊锡。当熔化一定量的焊锡后将焊锡丝移开。

（5）移开烙铁。当焊锡完全润湿焊点后移开烙铁，注意移开烙铁的方向应该是约45°的方向。手工焊接基本步骤如图4.4所示。

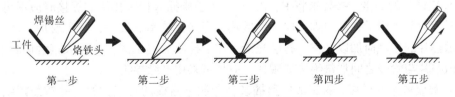

图 4.4　手工焊接基本步骤

2. 手工焊接操作要领

（1）对焊件要先进行表面处理，烙铁头要经常擦蹭以保持其清洁。

（2）采用正确的加热方法和合适的加热时间。

（3）焊锡量要合适，不要用过量的焊剂，焊点凝固过程中不要移动焊件，否则焊点松动会造成虚焊。

（4）焊件要固定，对焊盘和元器件加热时要靠焊锡桥。手工焊接时，要提高烙铁头加热的效率，需要形成热量传递的焊锡桥。

（5）烙铁头撤离有讲究，而且撤离时的角度和方向与焊点的形成有关，如图 4.5 所示。

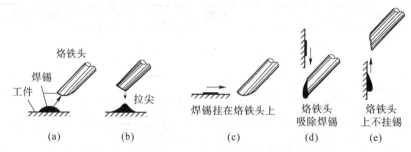

图 4.5　烙铁头撤离方向与焊料留存量的关系

（6）焊锡丝一般要用手送入被焊处，不要用烙铁头上的焊锡去焊接，也不要用烙铁头作为运载焊料的工具，这样很容易造成焊料的氧化，以及焊剂的挥发。因为烙铁头的温度一般都在 300 ℃左右，所以焊锡丝中的焊剂在高温情况下容易分解失效。

3. 常用元器件的焊接要求

焊接顺序原则是先低后高、先轻后重、先耐热后不耐热。一般次序是：电阻器、电容器、二极管、三极管、集成电路、大功率管等。

（1）电阻器的焊接。按图纸要求将电阻器准确地插入规定位置，插入孔位时要注意，字符标注的电阻器标称字符要向上（卧式）或向外（立式），色码电阻器的色环顺序应朝同一方向，以方便读取。一般是插装完一种规格的再插装另一种规格，尽量使电阻器的高低一致。焊接后将露出印制电路板表面多余的引脚齐根剪去。

（2）电容器的焊接。将电容器按图纸要求插入规定位置，并注意有极性的电容器正负极不能接错，电容器上的标记方向要易看见，先装玻璃釉电容器、金属膜电容器、瓷介电容器，最后装电解电容器。

（3）二极管的焊接。正确辨认正、负极后按要求插入规定位置，型号及标记要向上或朝外。焊接立式安装的二极管，对最短的引脚焊接时间不要超过 2 s，以免温度过高损坏二极管。

（4）三极管的焊接。按要求将 E、B、C 三个引脚插入相应孔位，焊接时应尽可能地缩短焊接时间，并用镊子夹住引脚，以帮助散热。焊接大功率三极管，若需要加装散热片时，应将装散热片的接触面加以平整、打磨光滑，涂上硅胶后再紧固，以加大接触面积。注意：若要求散热片与管壳之间加垫绝缘薄膜片，应尽量采用绝缘导线。

（5）集成电路的焊接。将集成电路插装在印制电路板的相应位置，并按照图纸要求检查集成电路的型号、引脚位置是否符合要求。焊接时先焊集成电路边沿的四只引脚，以使其定位，然后再从左到右或从上至下进行逐个焊接。

4. 手工焊接练习—跟我练

将给定的电子元器件焊接到电路板上，总结焊接中的问题及解决方法，记录在表 4.4 中。

表 4.4 记录表

序号	焊接问题	解决方法
1		
2		
3		
4		

4.1.3 焊点质量检测

1. 焊点的质量要求

（1）电气性能良好。

高质量的焊点应使焊料与工件金属界面形成牢固的合金层，这样才能保证良好的导电性能。不能简单地将焊料堆附在工件金属表面而形成虚焊。

（2）具有一定的机械强度。

焊点的作用是连接两个或两个以上的元器件并使电气接触良好，电子设备有时要工作在振动的环境中，为使焊料不松动或脱落，焊点必须具有一定的机械强度。

锡铅焊料中的锡和铅的强度都比较低，有时在焊接较大和较重的元器件时，为了增加强度，可根据需要增加焊接面积或将元器件引线、导线先网绕、胶合、钩接在接点上再进行焊接。

（3）焊点上的焊料要适量。

焊点上的焊料过少，不仅降低机械强度而且由于表面氧化层逐渐加深，会导致焊点早期失效。焊点上的焊料过多，既增加成本，又容易造成焊点桥连（短路），也会掩盖焊接缺陷。焊接印制电路板时，焊料布满焊盘且呈裙状展开时最为适宜，如图 4.6 所示。

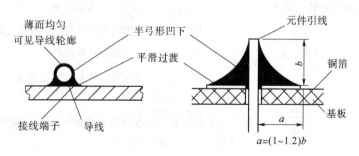

图 4.6 焊料适中的焊盘

（4）焊点表面应光亮且均匀。

良好的焊点表面应光亮且色泽均匀，这主要是因为助焊剂中未完全挥发的树脂成分成薄膜覆盖在焊点表面，能防止焊点表面的氧化。

(5) 焊点不应有毛刺、空隙。

焊点表面存在毛刺、空隙不仅不美观，还会给电子产品带来危害，尤其是在高压电部分，将会产生尖端放电而损坏电子设备。

(6) 焊点表面必须清洁。

焊点表面的污垢，尤其是焊剂的有害残留物质，如果不及时清除，酸性物质会腐蚀器件引线、接点及印制电路板，吸潮会造成漏电甚至短路燃烧等，进而带来严重隐患。

2. 焊点质量检查的方法

焊点的检查通常采用目视检查、手触检查和通电检查等方法。

1）目视检查

目视检查是指从外观上检查焊接质量是否合格，焊点是否有缺陷。目视检查可借助于放大镜、显微镜进行观察检查。

目视检查的主要内容有：是否有漏焊，即应该焊接的焊点没有焊上；焊点的光泽好不好；焊点的焊料足不足；焊点的周围是否有残留的焊剂；有没有连焊、焊盘有无脱落；焊点有没有裂纹；焊点是不是凹凸不平；焊点是否有拉尖现象。

2）手触检查

手触检查主要是指触摸元器件时，是否有松动、焊接不牢的现象。用镊子夹住元器件引线，轻轻拉动时有无松动现象。焊点在摇动时，上面的焊锡是否有脱落现象。

3）通电检查

在外观检查结束以后诊断连线无误，才可进行通电检查，这是检验电路性能的关键。如果不经过严格的外观检查，通电检查不仅困难较多，而且有可能损坏仪器设备，造成安全事故。例如电源连线虚焊，通电时就会发现设备通不上电，当然无法检查。通电检查可以发现许多微小的缺陷，例如用目测观察不到的电路桥接，但对于内部虚焊的隐患就不容易觉察。通电检查焊接质量的结果和原因分析如表4.5所示。

表4.5　通电检查焊接质量的结果和原因分析

通电检查结果		原因分析
元器件损坏	失效	元器件失效、成型时元器件受损、焊接过热损坏
	性能变坏	元器件早期老化、焊接过热损坏
导电不良	短路	桥接、错焊、金属渣（焊料、剪下的元器件引脚或导线引线等）引起的短接等
	断路	焊锡开裂、松香夹渣、虚焊、漏焊、焊盘脱落、印制导线断裂、插座接触不良等
	接触不良、时通时断	虚焊、松香焊、多股导线断丝、焊盘松落等

3. 常见焊点缺陷及分析

焊点的常见缺陷有：虚焊、拉尖、桥接、球焊，印制电路板铜箔起翘、焊盘脱落，导线焊接不当等，如表4.6所示。

表 4.6 焊点缺陷分析

焊点缺陷名称	形状	危害	原因分析
虚焊又称假焊,是指焊接时焊点内部没有真正形成金属合金的现象	(a)虚焊1 引线 焊料 松香 端子 (b)虚焊2 焊料 引线 气泡 端子	虚焊会造成信号时有时无、噪声增加,电路工作不正常等故障	①焊件清洗不干净; ②助焊剂不足或质量差; ③焊件未充分加热
拉尖是指焊点表面有尖角、毛刺的现象	焊料 引线 端子	拉尖会造成外观不佳、易桥接等现象;对于高压电路,有时会出现尖端放电的现象	①助焊剂过少,加热时间过长; ②烙铁头撤离角度不当
桥接是指焊锡将电路之间不应连接的地方误焊接起来的现象	电阻器 焊料	桥接会造成产品出现电气短路、有可能使相关电路的元器件损坏	①焊锡过多; ②烙铁头撤离角度不当
球焊是指焊点形状像球形、与印制电路板只有少量连接的现象		球焊导致焊接的机械强度变差,造成虚焊或断路故障	电路板表面有氧化物或杂质
焊料过少,面积小于焊盘的 75%,焊料未形成平滑的过渡面		机械强度不足,振动或冲击时容易脱落	①焊锡流动性差或焊丝撤离过早; ②加热不足; ③助焊剂不足或质量差
焊料过多,焊料面成凸形		浪费焊料,可能产生包藏缺陷	①焊锡丝撤离太晚; ②焊接温度过低,焊料没有完全熔化,焊点加热不均匀
导线焊接不当	(a)芯线过长 (b)焊料浸过导线外皮 (c)外皮烧焦 (d)摔线 (e)芯线散开	造成短路、虚焊、焊点处接触电阻增大、焊点发热、电路工作不正常等故障,且外观难看	导线芯线过长或过短;芯线散开

4. 焊点质量检测—跟我练

检查已焊接的电路板,查找焊接缺陷并说明原因及危害,填入表4.7中。

表 4.7 焊接记录表

元器件	原因	危害	解决办法

4.1.4 手工拆焊

手工拆焊又称手工解焊,即在电路调试、电路维修的情况下,需要将已焊接的连线或元器件拆解下来,这个过程为拆焊。在实际操作中,拆焊比焊接困难,更需要使用恰当的方法和工具,若掌握不好,将会损坏元器件或电路板,所以拆焊技术也是应熟练掌握的一项操作技能。

1. 拆焊操作原则

1) 拆焊操作的适用范围

拆焊技术适用于拆除误装、误接的元器件和导线;在维修或检修过程中需要更换的元器件;在调试结束后需要拆除临时安装的元器件或导线等。

2) 拆焊操作的原则

(1) 拆焊时不能损坏需拆除的元器件及导线。

(2) 拆焊时不能损坏焊盘和印制电路板上的铜箔。

(3) 对已判断为损坏的元器件,可先将引线剪断,再进行拆除,这样可以减少其他损伤的可能性。

(4) 在拆焊过程中不要乱拆和移动其他元器件,若确实需要移动其他元器件,在拆焊结束后应做好移动元器件的复原工作。

2. 拆焊工具

常用拆焊工具如表4.8所示。

表 4.8 常用拆焊工具

序号	工具名称	图片	说明
1	吸锡器		用来吸取印制电路板焊盘的焊锡,它一般与电烙铁配合使用。吸锡器是专门对多余焊锡进行清除的用具
2	镊子		拆焊以选用端头较尖的不锈钢镊子,它可以用来夹住元器件引线,以及挑起元器件的引脚或线

续表

序号	工具名称	图片	说明
3	吸锡电烙铁		主要用于拆换元器件，用以加热拆焊点，同时吸去熔化的焊料。它与普通电烙铁不同的是其烙铁头是空心的，而且多了一个吸锡装置
4	吸锡带		利用铜丝的屏蔽线电缆或较粗的多股导线绕制在盘里制成的
5	空心针管		可用医用针管改装，要选取不同直径的空心针管若干只
6	热风台		热风台是一种用热风作为加热源的半自动设备，它更容易拆焊 SMT 元器件

3. 常用拆焊方法

在拆焊时可根据不同的元器件采用不同的方法。常用的拆焊方法有分点拆焊法、集中拆焊法和吸锡工具拆焊法等。

1) 分点拆焊法

一般电阻、电容、晶体管等元器件需要拆焊的引脚不多，且须拆焊的焊点距其他焊点较远时，可采用电烙铁进行分点拆焊，拆焊步骤如图 4.7 所示。

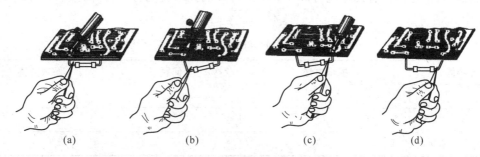

(a)　　　　　　(b)　　　　　　(c)　　　　　　(d)

图 4.7　分点拆焊法操作步骤

（1）首先固定印制电路板，同时用镊子从元器件面夹住被拆元器件的一根引线。

（2）用电烙铁对被夹引线上的焊点进行加热，以熔化该焊点的焊锡。

（3）待焊点上焊锡全部熔化，将被夹的元器件引线轻轻从焊盘孔中拉出。

（4）然后用同样的方法拆焊被拆元器件的另一根引线。

（5）用烙铁头清除焊盘上多余焊料。

2）集中拆焊法

当需要拆焊的元件引脚不多，且焊点之间的距离很近时，可使用集中拆焊法。

（1）首先固定印制电路板，同时用镊子从元器件一侧夹住被拆焊元器件。

（2）用电烙铁对被拆元器件的各个焊点快速交替加热，以同时熔化各焊点的焊锡。

（3）待焊点上的焊锡全部熔化，将被夹的元器件引线轻轻从焊速交替加热盘孔中拉出。

（4）用烙铁头清除焊盘上多余焊料。

3）吸锡烙铁拆焊法

（1）吸锡时，根据元器件引线的粗细选用锡嘴的大小。

（2）吸锡电烙铁通电加热后，将活塞柄推下卡住。

（3）锡嘴垂直对准吸焊点，待焊点焊锡熔化后，再按下吸锡烙铁的控制按钮，焊锡即被吸进吸锡烙铁中。反复几次，直至元器件从焊点中脱离。

4）吸锡器拆焊法

（1）将普通吸锡器的吸锡压杆压下。

（2）用电烙铁将需要拆焊的焊点熔化。

（3）将普通吸锡器吸锡嘴套入需拆焊的元件引脚，并没入熔化焊锡。

（4）按下吸锡按钮，吸锡压杆在弹簧的作用下迅速复原，完成吸锡动作。如果一次吸不干净，可多吸几次，直到焊盘上的锡吸净，从而使元器件引脚与铜箔脱离。

5）吸锡带拆焊法

（1）将铜编织带（专用吸锡带）放在被拆焊的焊点上。

（2）用电烙铁对吸锡带和被焊点进行加热。

（3）一旦焊料熔化时，焊点上的焊锡逐渐熔化并被吸锡带吸去。

（4）如拆焊点没完全吸除，可重复进行。每次拆焊时间2~3 s。

4. 拆焊元器件—跟我练

对已焊接的电路板各元件进行拆焊，写出拆焊的元器件名称、拆焊方法及问题，填入表4.9中。

表4.9　拆焊记录表

元器件	拆焊方法	问题	解决方案

任务实施

工作任务书如表 4.10 所示。

表 4.10　工作任务书

任务名称	印制电路板的焊接基本训练	日期	
实践内容	器材与工具	1. 电烙铁及其他五金工具； 2. 焊锡丝和铜丝等材料； 3. 多孔印制电路板	
	具体要求	1. 按要求在多孔印制电路板上进行焊接练习； 2. 牢记电烙铁的正确拿法、焊丝的送法及电烙铁的撤离方法； 3. 检查焊接质量，焊点是否光滑、均匀，有无虚焊、漏焊、桥接等缺陷； 4. 导线安装正确、元器件紧贴电路板	
具体操作			
注意事项	1. 引线和焊盘要同时加热，整个焊接过程时间不要过长； 2. 注意烙铁撤离的角度，避免出现拉丝		

自我检测题

（1）绝缘导线的加工包括（　　　）。（多选）

A. 剥头　　　　　　B. 捻头　　　　　　C. 搪锡　　　　　　D. 印标记

（2）手工焊接常采用几步操作法？（　　　）

A. 四　　　　　　　B. 五　　　　　　　C. 六　　　　　　　D. 七

（3）（　　　）是指焊锡将电路之间不应连接的地方误焊接起来的现象。

A. 虚焊　　　　　　B. 桥接　　　　　　C. 拉尖　　　　　　D. 球焊

（4）移开焊锡后，要及时迅速移开电烙铁，电烙铁移开的方向以（　　　）为宜。

A. 30°　　　　　　B. 45°　　　　　　C. 60°　　　　　　D. 75°

（5）以下哪个不是焊接操作者握持电烙铁的方法？（　　　）

A. 反握法　　　　　B. 正握法　　　　　C. 笔握法　　　　　D. 平握法

（6）焊点的检查通常采用哪些方法？（　　　）（多选）

A. 目视检查　　　　B. 手触检查　　　　C. 通电检查

（7）完成锡焊并保证焊接质量，应同时满足以下几个基本条件：（　　）。（多选）

A. 被焊金属应具有良好的可焊性

B. 被焊件应保持清洁

C. 选择合适的焊料、焊剂

D. 保证合适的焊接温度

（8）简述焊接的基本步骤及注意事项。

（9）简述焊接质量的检测方法及常见缺陷的处理方法。

 **考核评价**

考核评价如表 4.11 所示。

表 4.11　考核评价

任务 4.1　通孔元器件的手工焊接						
班级		姓名		组号		扣分记录
项目	配分	考核要求		评分细则		得分
安全文明操作	15 分	1. 工作台上工具摆放整齐； 2. 完毕后整理好工作台面； 3. 严格遵守安全操作规程		1. 工具摆放不整齐扣 5 分； 2. 团队不配合扣 15 分； 3. 查出并直接运用，无创新，扣完 5 分为止； 4. 学习态度不良好扣 15 分		
导线的剪裁成型工艺	15 分	1. 导线的剪裁要适度； 2. 剪裁后的导线按要求成型		1. 导线剪裁不适度扣 5 分； 2. 导线成型错一处扣 2 分		

续表

任务 4.1　通孔元器件的手工焊接					
班级		姓名		组号	
项目	配分	考核要求	评分细则	扣分记录	得分
导线的布局和规范	20分	1. 导线位置安装正确； 2. 导线垂直，紧贴电路板	1. 导线位置不正确一处扣10分； 2. 导线不规范扣5分		
印制电路板的质量	30分	1. 焊点光滑、均匀、美观； 2. 无漏焊、虚焊、焊盘脱落、桥接等情况	1. 整体焊接有缺陷扣10分； 2. 有焊接缺陷每个扣5分		
整体质量评判	20分	1. 电路板看上去整齐、美观； 2. 电路板正反面导线整齐、美观	1. 电路板不美观扣5分； 2. 导线不美观扣5分		
总　分					

任务 4.2　贴装元器件的手工焊接技术及工艺

任务描述

目前 SMT 工艺处于电子工业生产的主导地位，在现代电子产品生产中智能化及自动化是必然趋势，但在研究、试制和维修领域，手工操作仍无法取代，因此电子工程技术人员要掌握贴装元器件手工焊接的基本知识及技能。

任务目标

素养目标	知识目标	技能目标
1. 提升学生适应岗位能力的职业素养； 2. 培养学生认真严谨的学习态度； 3. 培养精益求精的工匠精神。	1. 掌握SMT工艺基本知识； 2. 熟悉SMT工艺常用工具使用方法； 3. 掌握SMT手工焊接方法。	1. 能正确使用SMT常用焊接工具； 2. 能进行SMT手工焊接； 3. 能对SMT手工焊接质量进行检测。

 知识链接—跟我学

4.2.1　SMT 工艺认知

SMT 也称表面组装技术，是一种直接将表面贴装元器件贴装、焊接到印制电路板表面规定位置的电路装联技术。SMT 是伴随着无引线元器件或引脚极短的片式元器件的出现而发展起来的，是目前已经得到广泛应用的组装焊接技术。

1. 表面组装元器件的特点

在表面组装器件的电极上，完全没有引线或只有非常短小的引线，引线间距小。表面组装元器件直接贴装在 PCB 的表面，将电极焊接在与元器件同一面的焊盘上。

从组装工艺角度上看，表面组装（SMT）和插装（THT）的主要区别是所用元器件的外形结构不同、组装工艺不同。前者是"贴装"，即将元器件直接贴在 PCB 焊盘表面，后者则是"插装"，即将"有引脚"元器件插入 PCB 的引线孔内。前者是采用回流焊完成焊接，而后者是利用波峰焊进行焊接。

总之，SMT 和 THT 工艺的差别主要体现在基板的加工方法、元器件的类型、组件形态、焊点形态、组装方式和工艺方法等各个方面，深入了解它们之间的异同点对掌握 SMT 工艺大有益处，如图 4.8 和表 4.12 所示。

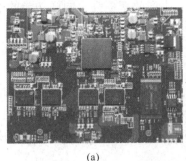

（a）　　　　　　　　　　　　　　（b）

图 4.8　SMT 和 THT 对比图

（a）SMT；（b）THT

表 4.12　SMT 与 THT 工艺比较

类型	THT	SMT
元器件	双列直插或 DIP 针阵列 PGA、有引线电阻、电容	SOIC、SOT、SOIC、LCCC、PLCC、QFP、PQFP 等，尺寸比 DIP 要小许多倍，片式电阻、电容
基板（PCB）	印制电路板采用 2.54 mm 网格设计，通孔直径为 0.8~0.9 mm	印制电路板采用 1.27 mm 网格或更细的布局设计，导通孔直径为 0.3~0.5 mm，布线密度要比 THT 高 2 倍以上
焊接方法	手工浸焊、波峰焊接	回流焊，即预先将焊锡膏印在焊盘上
面积	大	小，缩小比为（1∶3）～（1∶10）
组装方法	穿孔插入	表面贴装
自动化程度	手工插装、自动插装机	自动贴片机，生产效率高

2. SMT 组装技术优越性

（1）实现了微型化。SMT 电子元器件的几何尺寸和占用空间的体积比通孔插装元器件减少 60%~70%，甚至可以减少 90%，质量减轻了 60%~90%。

（2）有利于自动化生产，提高成品率和生产效率。由于片式元器件外形尺寸标准化、系列化及焊接条件的一致性，使 SMT 的自动化程度很高，焊接过程造成的元器件失效大大减少，提高了可靠性。

（3）高频特性好。由于元器件无引线或短引线，自然减少了电路的分布参数，降低了射频干扰。

（4）降低生产材料的成本。随着 SMT 生产设备效率的提高以及 SMT 元器件封装材料消耗的减少，与同样功能的 THT 元器件比销售价格明显降低。

（5）提高可靠性和信号的传输速度。因 SMT 产品结构紧凑、安装密度高，在电路板上双面贴装时，线装密度可以达到 5.6~20 个/cm 焊点，由于连线短、延迟小，可实现高速信号传输，同时更加耐振动、抗冲击，可靠性明显提高。

（6）SMT 技术简化了电子产品生产工序，降低了生产成本。在电路板上安装时，元器件无须引线成型处理，因而使整个生产过程缩短，生产效率提高，同样功能的电路 SMT 的加工成本低于通孔插装方式。

3. SMT 的发展动态

SMT 的发展动态随着电子产品向短、小、轻、薄和多功能方向不断发展。电子产品的这些变化促使半导体集成电路的集成度越来越高，SMC 越来越小，SMD 的引脚间距也越来越窄，使 SMT 电子产品的组装密度越来越高、组装难度越来越大。具体表现在：

（1）电子产品功能越来越强、体积越来越小、造价越来越低、更新换代的速度也越来越快。

（2）元器件越来越小，0201、01005 等高密度、高难度组装技术在不断地开发研究。

（3）无铅焊接技术的研究与推广应用。

（4）电子设备和工艺向半导体和 SMT 两类发展，半导体和 SMT 的界线逐步模糊，尤其是封装技术。

（5）我国 SMT 发展前景是广阔的，目前设备已经与国际接轨，但设计/制造/工艺/管理技术与国际有差距，应加强基础工艺研究，努力使我国真正成为 SMT 制造大国/制造强国。

4. SMT 工艺认知考查

复述 SMT 与 THT 工艺的异同，并查找相关资源记录过程，填入表 4.13 中。

表 4.13　资源查找记录表

分类	SMT	THT
特点		
举例		

4.2.2　手工焊接 SMT 元器件的常用工具及设备

1. 热风台

热风台是一种用热风作为加热源的半自动设备，它更容易拆焊 SMT 元器件，如图 4.9（a）所示。

2. 电烙铁专用加热头

在电烙铁上配用各种不同规格的专用加热头后，可以用来安装或拆焊不同的元器件，如图 4.9（b）所示。

3. 电热镊子

电热镊子是一种专用于装接或拆焊 SMC 元器件的高档工具，相当于两把组装在一起的电烙铁，只有两个电热芯独立安装在两侧，接通电源以后，捏合电热镊子夹住 SMC 元器件的两个焊端，加热头的热量会熔化焊点，很容易镊取元器件，如图 4.9（c）所示。

4. 恒温电烙铁

SMT 元器件对温度比较敏感，焊接时必须注意温度不能超过 390 ℃。由于片式元器件的体积小，所以烙铁头的尖端应该略小于焊接面；为防止感应电压损坏集成电路，电烙铁的金属外壳要可靠接地，如图 4.9（d）所示。

图 4.9　SMT 手工焊接常用工具

（a）热风台；（b）电烙铁专用加热头；（c）电热镊子；（d）恒温电烙铁

手工焊接 SMT 元器件电烙铁的温度设定非常重要。最适合的焊接温度是让焊点上的焊锡温度比焊锡的熔点高 50 ℃左右。由于焊接对象的大小、电烙铁的功率和性能、焊料的种类和型号不同，在设定电烙铁头的温度时，一般要求在焊锡熔点温度的基础上增加100 ℃左右。

4.2.3　SMT 组装工艺

SMT 组装方式可分为完全表面组装、单面混合组装、双面混合组装。其中，完全表面组装是指印制电路板（PCB）双面全部都是表面贴装元器件；混装是指印制电路板上既有表面贴装元器件，又有通孔插装元器件。

1. 完全表面组装

完全表面组装是指所组装的元器件全部采用表面组装元器件，印制电路板上没有通孔插装元器件，各种 SMC 和 SMD 均被贴装在印制电路板的表面，如图 4.10 所示。完全表面组装采用回流焊技术进行焊接。完全表面组装方式的特点：工艺简单、组装密度高、电路轻薄，但不适于大功率电路的安装。

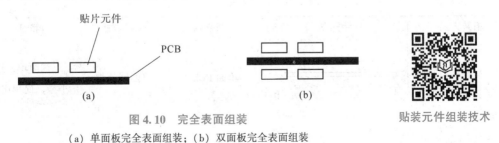

图 4.10　完全表面组装

（a）单面板完全表面组装；（b）双面板完全表面组装

贴装元件组装技术

2. 单面混合组装

单面混合组装是指在同一块印制电路板上，贴片元件安装、焊接在焊接面上；通孔插装的传统元件 THC 放置在 PCB 的元件面，如图 4.11 所示。

单面混合组装分为两种方式：

（1）通孔插装的 THC 元件和 SMD 贴片元件安装在 PCB 的同一面的方式。

（2）通孔插装的 THC 元件和 SMD 贴片元件分别安装在 PCB 的两面的方式。

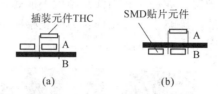

图 4.11　单面混合组装

（a）THC 和 SMD 装在同一面；（b）THC 和 SMD 分别装在 PCB 两面

3. 双面混合组装。

双面混合组装是指在同一块印制电路板的两面，既装有贴片元件 SMD，又装有通孔插装的传统元件 THC 的安装方式，如图 4.12 所示。

双面混合组装分为两种方式：

（1）通孔插装的 THC 元件安装在 PCB 的一面、贴片元件安装在 PCB 的两面。

（2）PCB 的两面同时装有通孔插装的 THC 元件和 SMD 贴片元件。

混合组装方式的特点：PCB 的成本低，组装密度高（双面安装元器件），适应各种电路的安装，但焊接工艺上略显复杂。目前，使用较多的组装方式还是混合组装法。

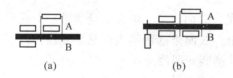

图 4.12　双面混合组装

（a）THC 装一面，SMD 装在 PCB 的两面；（b）PCB 的两面都装有 THC 和 SMD 元件

三种组装方式的对比如表 4.14 所示。

表 4.14　三种组装方式对比

组装方式		示意图	电路基板	焊接方式	特征
完全表面组装	单表面组装		单面 PCB	单面回流焊	工艺简单，适合小型、简单电路
	双面表面组装		双面 PCB	双面回流焊	高密度组装

组装方式		示意图	电路基板	焊接方式	特征
单面混合组装	SMD 和 THC 都在 A 面	A B	双面 PCB	先 A 面回流焊，再 B 面波峰焊	一般先贴后插，工艺简单
	THC 在 A 面 SMD 在 B 面	A B	单面 PCB	B 面波峰焊	一般先贴后插，工艺简单
双面混合组装	THC 在 A 面，SMD 在 A、B 两面	A B	双面 PCB	先 A 面回流焊，再 B 面波峰焊	高密度组装

4.2.4　贴装元器件的手工焊接方法

由于贴装元器件的体积小，所以烙铁头尖端的截面积应该比焊接面小，焊接时要注意随时擦拭烙铁尖，保持烙铁头洁净，焊接时间要短，一般不要超过 2 s，焊锡开始熔化立即抬起烙铁头；焊接过程中烙铁头不要碰到其他元器件；焊接完成后，要用带照明灯的 2~5 倍放大镜，仔细检查焊点是否牢固、有无虚焊现象；假如焊件需要镀锡，则要先将烙铁尖接触待镀锡处约 1 s，然后再放焊料，焊锡熔化后立即撤回电烙铁。

1. 手工贴片过程

（1）手工贴片之前必须保证焊盘清洁。先在电路板的焊接部位涂抹助焊剂，可以用刷子把助焊剂直接涂刷到焊盘上。

（2）涂覆黏合剂，用针状物或手工点滴器直接点胶或焊锡膏。

（3）采用手工贴片工具贴放 SMT 元器件，将表面组装 PCB 置于放大镜下，用带有负压吸嘴的手工贴片机或镊子仔细地把片式元器件放到相应位置。

（4）焊接：采用自动恒温电烙铁，首先在贴片元器件最边缘的一个引脚上加热，注意烙铁头不能挂有较多的焊锡，然后再加热对角的引脚，以此方法进行焊接。

2. 贴片元件手工焊接步骤

贴装 SMT 片式元器件时，首先要在一个焊盘上镀锡，镀锡后电烙铁不要离开焊盘，要使焊锡保持熔融状态，然后快速用镊子夹住元器件，对齐两个端点放到焊盘上，依次焊好两个焊端，如表 4.15 所示。

表 4.15　贴片元件手工焊接步骤

操作步骤	操作示意图	说明
准备施焊	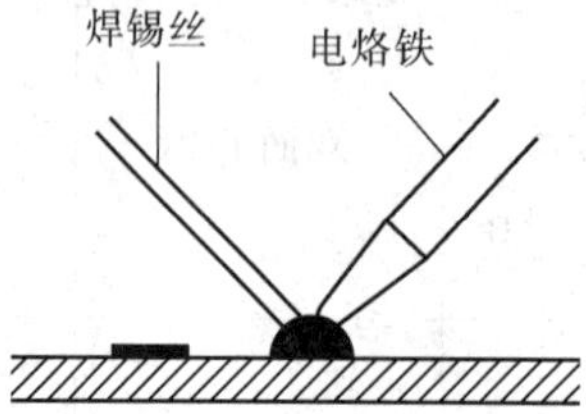 焊锡丝　电烙铁	在一个焊盘上加适量的焊锡
熔化焊锡丝	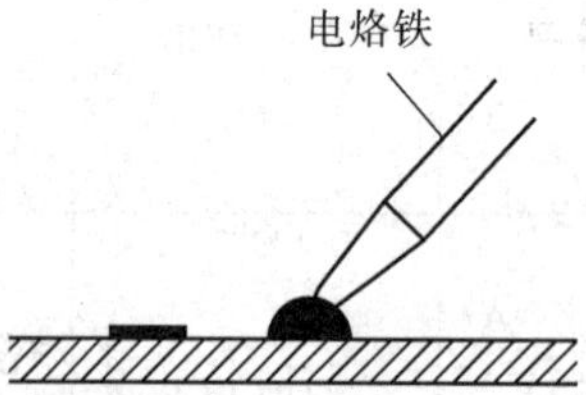 电烙铁	将电烙铁压在焊盘上，使焊锡处于熔融状态
放元器件	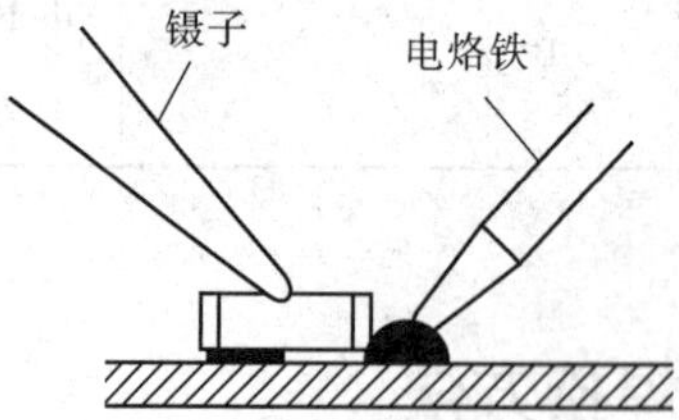 镊子　电烙铁	快速将被焊元件用镊子推到焊盘上
移开工具	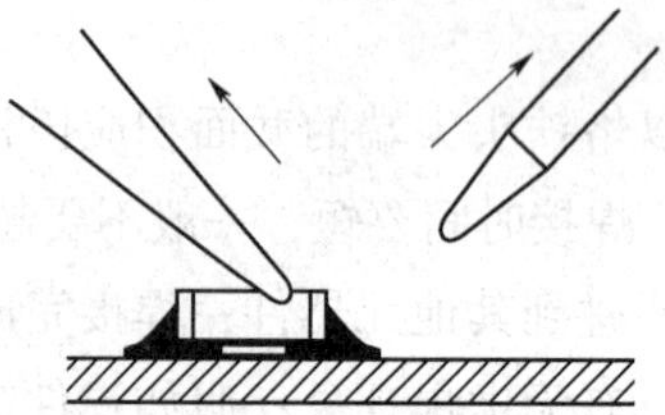	移开电烙铁，等待焊锡凝固后移开镊子
焊接其余引脚	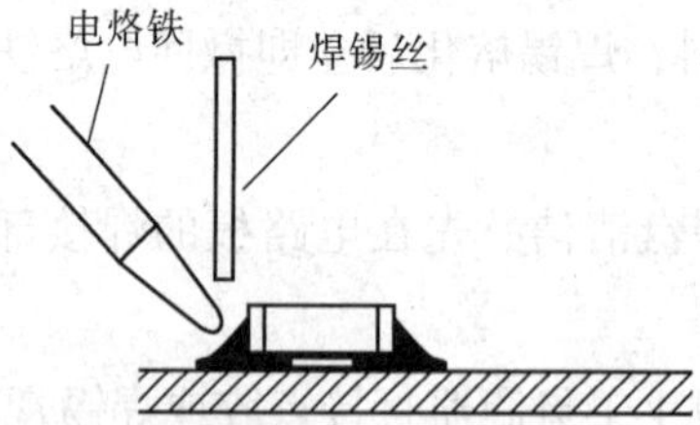 电烙铁　焊锡丝	用同样的方法焊接其他引脚

3. 焊接注意事项

（1）贴装电阻时注意：电阻有两面，一面标注阻值，另一面为白色没有任何标注，有标注的一面向上贴装，以备检查。

（2）贴装电容时注意：无极性的电容器一般不标注其容量，而且其大小、颜色都非常相似，因此贴装时一定要注意，如果贴错，很难检查出问题。

（3）应尽量避免用手直接接触元器件，以防止元器件的焊端氧化。

（4）放置元器件时，应尽量抬高手腕部位，同时手应尽量减少抖动，以防将印制的焊锡膏抹掉或将前工序已贴好的元器件抹掉或移位，而且焊盘上的焊锡膏被破坏也将影响焊接质量。

（5）放置时尽量一次放好，特别是多个引脚的集成电路，因为引脚间距很小，所以如果一次放不好，就需要去修正，这样会破坏焊盘上的焊锡膏，使其连在一起，极易造成虚焊或连焊。

（6）将元器件放到焊盘上后需稍稍用力将元器件压一下，使其与焊锡膏良好结合，防止在传送中元器件移位，但是不可用力太大，否则容易将焊锡膏挤压到焊盘外的阻焊层上空，产生锡球。

 **任务实施**

贴装元件手工焊接任务工作书如表 4.16 所示。

表 4.16　贴装元件手工焊接任务工作书

任务名称	贴片元件的手工焊接训练	日期	
实践内容	器材与工具	1. 电烙铁及其他五金工具； 2. 直径 0.5 mm 焊锡丝、各种规格的贴装元器件等材料； 3. 练习印制电路板	
	具体要求	1. 按要求在印制电路板上进行贴装元器件的焊接练习； 2. 能分清各种规格的元器件及正确读数； 3. 检查焊接质量，焊点是否光滑、均匀，有无虚焊、漏焊、桥接等缺陷	
	具体操作		
	注意事项	1. 由于贴装元器件尺寸小，安装精度和密度较高，所以焊接质量要求较高； 2. 焊接完每一个贴装元器件后要用 5~10 倍的放大镜进行质量检测	

自我检测题

（1）焊接贴装集成元器件时，固定芯片不可以使用焊锡。　　　　　　　　　（　　）

（2）手工焊接 SMT 元器件，最好使用恒温电烙铁，同时穿好防静电服装，并佩戴防静电手环。　　　　　　　　　　　　　　　　　　　　　　　　　　　　　　　（　　）

（3）焊接两端元件先在两个焊盘上上锡，再用镊子夹持元件放到焊盘上。　（　　）

（4）双面混合组装是指在同一块印制电路板的两面，既装有贴装元件 SMD，又装有通孔插装的传统元件 THC 的组装方式。　　　　　　　　　　　　　　　　　　（　　）

（5）手工焊接 SMT 元器件的常用工具有（　　）。（多选）

A. 热风台　　　　　　　　　　　　　B. 电烙铁专用加热头

C. 电热镊子　　　　　　　　　　　　D. 恒温电烙铁

（6）混合组装是指所需组装的元器件全部采用表面组装元器件。（　　）

（7）简述 SMT 和 THT 工艺的区别？

（8）简述贴装元器件手工焊接的方法？

 考核评价

考核评价如表 4.17 所示。

表 4.17　考核评价

任务 4.2　贴装元器件的手工焊接					
班级		姓名		组号	
				扣分记录	得分
项目	配分	考核要求	评分细则		
学习态度、职业素养	20 分	1. 能认真运用信息化手段独立开展学习并有创新性方法； 2. 能够团队协作开展项目学习； 3. 能严谨认真进行实施	1. 直接复制结果扣 20 分； 2. 团队不配合扣 20 分； 3. 查出并直接运用，无创新，扣完 5 分为止； 4. 学习态度应付扣 20 分		
正确识读各种贴装元器件	20 分	1. 正确区别贴装元器件的类型； 2. 正确使用各种贴装专业工具	1. 识别错误一个扣 5 分； 2. 工具使用错误扣 10 分		
贴装元器件的操作规范	30 分	1. 掌握贴装元器件焊接的操作要领； 2. 掌握焊接元器件操作规范	1. 不按焊接步骤操作扣 10 分； 2. 操作不规范扣 5 分		
各种贴装元器件的焊盘质量	30 分	1. 焊点光滑、均匀、美观、整体质量好； 2. 无虚焊、假焊、漏焊、塌落等缺陷	1. 整体焊接有缺陷扣 10 分； 2. 有焊接缺陷每个扣 5 分		
总　分					

任务 4.3　电子线路的自动焊接技术

 任务描述

随着数字化、自动化、计算机、机械设计技术的发展，以及对焊接质量的高度重视，自动焊接已发展成为一种先进的制造技术，自动焊接设备在各工业的应用中所发挥的作用越来越大，应用范围正在迅速扩大。在现代工业生产中，焊接生产过程的机械化和自动化是电子产品生产的必然趋势。

任务目标

素养目标	知识目标	技能目标
1. 培养团队协作能力； 2. 培养学生精益求精的工匠精神； 3. 培养学生认真严谨的学习态度。	1. 了解浸焊技术的工艺； 2. 掌握波峰焊技术工艺及方法； 3. 掌握回流焊工艺及方法。	1. 能进行元器件的浸焊； 2. 能进行元器件的波峰焊接； 3. 能进行元器件的回流焊接。

知识链接—跟我学

4.3.1　浸焊技术

浸焊是指将插装好元器件的印制电路板浸入有熔融状焊料的锡锅内，一次完成印制电路板上所有焊点的自动焊接过程。浸焊设备如图 4.13 所示。

浸焊的工艺流程是：插装元器件→喷涂焊剂→浸焊→冷却剪角→检查补修。

浸焊的特点：浸焊的生产效率较高，操作简单，适应批量生产，可消除漏焊现象。但浸焊的焊接质量不高，多次浸焊后，易产生虚焊、桥接、拉尖等焊接缺陷，需要补焊修正；焊槽温度掌握不当时，会导致印制板起翘、变形，元器件损坏。

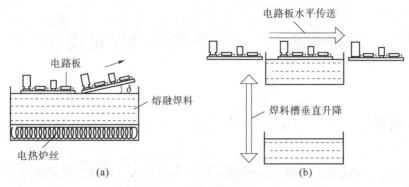

图 4.13　浸焊设备

（a）普通浸焊设备；（b）半自动浸焊设备

跟我练：

小组之间复述浸焊工艺的流程及使用场景，填入表 4.18 中。

表 4.18　浸焊工艺记录表

流程	问题记录	解决方案

4.3.2　波峰焊

自动焊接
技术

1. 波峰焊的原理及工艺

波峰焊接是利用焊锡槽内的机械泵，源源不断地泵出熔融焊锡，形成一股平稳的焊料波峰与插装好元器件的印制电路板接触，完成焊接过程。波峰焊原理图如图 4.14 所示。

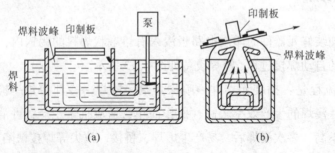

图 4.14　波峰焊原理图

（a）波峰系统示意图；（b）波峰焊接示意图

波峰焊接的工艺流程为焊前准备→元器件插装→喷涂助焊剂→预热→波峰焊接→冷却→检验修复→清洗。

（1）焊前准备。焊前准备包括元器件引脚搪锡、成型，印制电路板的准备及清洁等。

（2）元器件插装。根据电路要求，将已成型的有关元器件插装在印制电路板上。一般采用半自动插装或全自动插装结合手工插装的流水作业方式。插装完毕，将印制电路板装入波峰焊接机的夹具上。

（3）喷涂助焊剂。将已装插好元器件的印制板，通过能控制速度的运输带进入喷涂助焊剂装置，把助焊剂均匀地喷涂在印制电路板及元器件引脚上。

（4）预热。预热是对已喷涂焊剂的印制板进行预加热，目的是去除印制电路板的水分，激活焊剂。一般预热温度为 70~90 ℃，预热时间为 40 s，可采用热风加热或用红外线加热。

（5）波峰焊接。波峰焊接槽中的机械泵根据焊接要求，源源不断地泵出熔融焊锡，形成一股平稳的焊料波峰，经喷涂焊剂和预热后的印制板，由传送装置送入焊料槽与焊料波峰接触，完成焊接过程。

（6）冷却。借助冷却风扇，降低焊锡膏温度，形成焊点，并将电路板冷却至常温。

（7）检验修复。借助检测器进行电路板焊接质量检测。

（8）清洗。对焊接好的电路板进行清洗。

波峰焊通常由印制电路板传送系统、助焊剂喷涂系统、印制电路板预热系统、电气控制系统、波峰发生器、焊接系统以及冷却系统等构成，如图 4.15 所示。

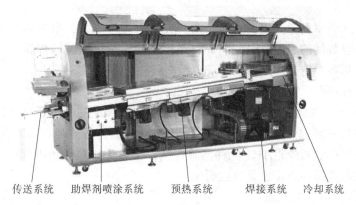

传送系统　　助焊剂喷涂系统　　预热系统　　焊接系统　　冷却系统

图 4.15　波峰焊实体图

波峰焊的工艺流程如图 4.16 所示，共分为喷涂助焊剂、预热、波峰焊接和冷却四个工艺过程。电路板通过传送带进入波峰焊机以后，会经过某个形式的助焊剂涂覆装置，在这里助焊剂利用发泡或喷射的方式涂覆到电路板上。由于大多数助焊剂在焊接时必须要达到并保持一个活化温度来保证焊点的完全浸润，因此电路板在进入波峰槽前要首先经过一个预热区。

助焊剂涂覆之后的预热可以逐渐提升印制电路板的温度（一般调整到 100 ℃左右），并使助焊剂活化，这个过程还能减小组装件进入波峰时产生的热冲击。其次它还可以用来蒸发掉所有可能吸收的潮气或稀释助焊剂的载体溶剂，如果这些东西不能被去除，它们会在过波峰时沸腾并造成焊锡溅射，或者产生蒸汽留在焊锡里面形成中空的焊点或砂眼。波峰焊机预热段的长度由产量和传送带速度决定，产量越高，为使板子达到所需的浸润温度就需要更长的预热区。另外，由于双面板和多层板的热容量较大，因此它们比单面板需要更

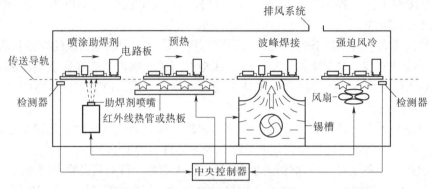

图 4.16 波峰焊的工艺流程

高的预热温度。

目前波峰焊机基本上采用热辐射方式进行预热，最常用的波峰焊预热方法有强制热风对流、电热板对流、电热棒加热及红外加热等。在这些方法中，强制热风对流通常被认为是大多数工艺里波峰焊机最有效的热量传递方法。在预热之后，电路板用单波（入波）或双波（扰流波和入波）方式进行焊接。对穿孔式元件来讲单波就足够了，电路板进入波峰时，焊锡流动的方向和板子的行进方向相反，可在元件引脚周围产生涡流。这就像是一种洗刷，将上面所有助焊剂和氧化膜的残余物去除，在焊点到达浸润温度时形成浸润。

波峰焊的生产效率高，焊接质量高，无"夹渣"虚焊现象，最适应单面印制电路板大批量的焊接，并且焊接的温度、时间、焊料及焊剂的用量等在波峰焊接中均能得到较完善的控制。但波峰焊容易造成焊点桥接的现象，需要补焊、修正。

2. 选择性波峰焊

近年来 SMT 元器件的使用率不断上升，在某些混合装配的电子产品里甚至已经占 95%左右，按照以往的思路，对电路板 A 面进行回流焊、B 面进行波峰焊的方案已经受到挑战。假如用手工焊接的办法对少量 THT 元件实施焊接，又感觉一致性难以保证。因此，选择性焊接的工艺方法和选择性焊接设备应运而生。

1）选择性焊接的基本原理

选择性焊接是为了满足通孔元器件焊接发展要求而发明的一种特殊形式的波峰焊。选择性焊接一般由助焊剂喷涂、预热和焊接三个模块构成。根据印制电路板设计文件转换或编制控制程序，实现助焊剂喷涂模块可对每个焊点依次完成助焊剂选择性喷涂，经预热模块预热后，再由焊接模块对每个焊点逐点完成焊接。

2）选择性焊接的优势

（1）选择性焊接只针对所需要焊接的点喷涂助焊剂，电路板的清洁度因此大大提高，离子污染量大大降低。

（2）选择性焊接只针对特定点的焊接，无论是在点焊和拖焊时都不会对整块电路板造成热冲击，从而避免了热冲击所带来的各类缺陷。

（3）选择性焊接对每一个焊点的焊接参数都可以"量身定制"，工程师有足够的工艺调整空间把每个焊点的焊接参数（助焊剂的喷涂量、焊接时间、焊接波峰高度等）调至最佳，从而使每个焊点的焊接效果达到最佳。甚至可以通过控制焊点的形状来达到避免桥接的效果。

跟我练：

小组之间复述波峰焊工艺的流程及使用场景，并提炼选择性波峰焊的优势，填入表 4.19 中。

表 4.19　波峰焊工艺记录表

流程	问题记录	解决方案
选择性波峰焊的优势及使用场景		

4.3.3　回流焊

回流焊又称再流焊，它是将焊料加工成一定颗粒，并拌以适当的液态黏合剂，使之成为具有一定流动性的糊状焊锡膏，用它把贴装元器件粘在印制电路板上，然后通过加热使焊锡膏中的焊料熔化而再次流动，达到将元器件焊接到印制电路板上的目的。

由于焊锡膏在贴装（印刷）（SMT）元器件过程中使用的是流动性的糊状焊锡膏，这是焊接的第一次流动，焊接时加热焊锡膏使粉末状固体焊料变成液体（即第二次流动）完成焊接，所以该焊接技术称为回流焊技术。

1. 回流焊设备

回流焊技术是贴装（SMT）元器件的主要焊接方法。目前，使用最广泛的回流焊接机可分为红外式、热风式、红外热风式、汽相式、激光式等回流焊接机。回流焊设备的内部结构如图 4.17 所示。

2. 回流焊及其工艺流程

（1）焊前准备。焊前准备好需要焊接的印制电路板、贴装元器件等材料以及焊接工具；将粉末状焊料、焊剂、黏合剂制作成焊锡膏。

（2）点膏并贴装（SMT）（印刷）元器件。使用手工、半自动或自动丝网印刷机，这是焊锡膏的第一次流动。

（3）加热、再流。根据焊锡膏的熔化温度加热焊锡膏，使丝印的焊料熔化而在被焊工件的焊接面再次流动，达到将元器件焊接到印制电路板上的目的。焊接时的这次熔化流动是第二次流动。

（4）冷却。焊接完毕后及时将焊接板冷却，一般用冷风进行冷却处理。

（5）测试。用肉眼查看焊接后的印制电路板有无明显焊接缺陷。若没有，就再用检测仪器检测焊接情况，判断焊点连接的可靠性及有无焊接缺陷。

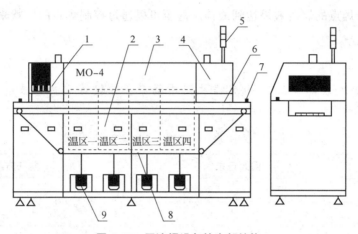

图 4.17　回流焊设备的内部结构

1—控制箱；2—炉体；3—外罩；4—冷却箱；5—状态灯；6—机架；7—紧急制动器；8—不锈钢网；9—热风马达

（6）修复、整形。若焊接点出现缺陷或焊接位置有错位现象时，用电烙铁进行手工修复。

（7）清洗、烘干。修复整形后，对印制板残留的焊剂、废渣和污物进行清洗，然后进行烘干处理，去除板面水分并涂覆防潮剂。回流焊温度曲线如图 4.18 所示。

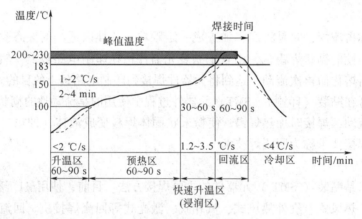

图 4.18　回流焊温度曲线

3. SMT 工艺流程

SMT 的焊接常采用波峰焊和回流焊两种焊接技术，波峰焊一般用于大量生产的情况下，且对贴片精度要求高，生产过程自动化程度也很高的焊接，回流焊的方式在 SMT 中用的很多，可用于小批量生产，也可用于大批量生产，且不易损坏元器件，焊接质量高。

在 SMT 生产中，不同的安装方式具有不同的工艺流程。目前，电子产品多以双面混装为主，如图 4.19 所示。双面混装可以充分利用板面空间，并能保证通孔元器件的散热需求。双面混装有两种情况：一种情况是通孔插装元件（THC）在 A 面、表面组装元器件（SMC/SMD）两面都有，另一种是 A、B 两面都有 THC 和 SMC/SMD，后者工艺复杂，很少采用。

SMT 工艺有两类最基本的工艺流程：

一类是焊锡膏–回流焊工艺，另一类是贴片–波峰焊工艺。在实际生产中，应根据所用元器件和生产装备的类型以及产品的要求，选择单独进行或者重复、混合使用，以满足不

图 4.19　SMT 工艺流程

同产品生产的需要。

（1）焊锡膏-回流焊工艺流程如图 4.20 所示，印制焊锡膏→贴装元器件→回流焊→清洗。该工艺流程的特点是简单、快捷，有利于产品体积的减小。

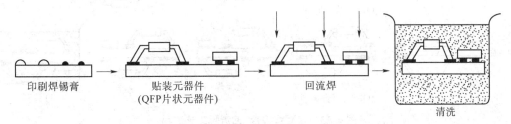

图 4.20　焊锡膏-回流焊工艺流程

（2）贴片-波峰焊工艺流程如图 4.21 所示，涂覆黏接剂→表面安装元器件→固化→翻转→插通孔元器件→波峰焊→清洗。

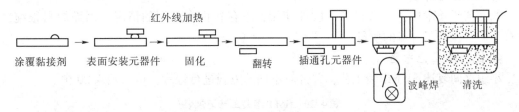

图 4.21　贴片-波峰焊工艺流程

该工艺流程的特点是利用双面板空间，电子产品的体积可以进一步减小，且仍使用通孔元器件，价格低廉。但设备要求增多，且波峰焊过程中缺陷较多，难以实现高密度组装。

（3）混合安装工艺流程如图 4.22 所示。该工艺流程的特点是充分利用了 PCB 双面空间，是实现安装面积最小化的方法之一，并仍保留通孔元器件价廉的优点，多用于消费类电子产品的组装。

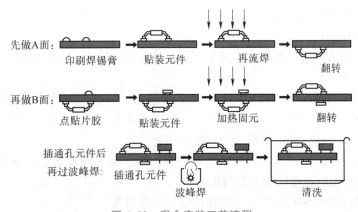

图 4.22　混合安装工艺流程

（4）双面均采用焊锡膏–回流焊工艺流程如图4.23所示。该工艺流程的特点是充分利用了PCB空间，并实现了安装面积最小化，但其工艺控制复杂，要求严格，常用于密集型或超小型电子产品，如移动电话、掌上电脑等。

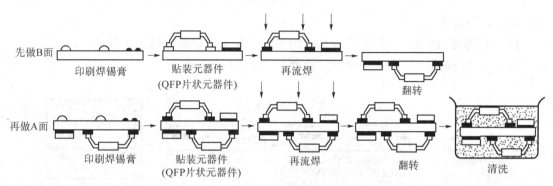

图4.23　双面焊锡膏–回流焊工艺流程

（5）回流焊的特点：

①回流焊技术的热冲击小，不会因过热造成元器件的损坏；

②无桥接等焊接缺陷；

③回流焊技术中，焊料只是一次性使用，不存在再次利用的情况，因而焊料很纯净，没有杂质，保证了焊点的质量。

4. 回流焊工艺考查

小组之间复述SMT组装工艺，并针对不同的方式进行记录，填入表4.20中。

表4.20　SMT组装工艺记录表

序号	SMT工艺	特点

5. SMT对焊锡膏的要求

1）焊锡膏的选用原则

（1）焊锡膏的活性可根据印制电路板表面清洁程度来决定，一般采用RMA级，必要时采用RA级。

（2）根据不同的涂覆方法选用不同黏度的焊锡膏，一般焊锡膏分配器用黏度为100~200 Pa·s，丝网印刷用黏度为100~300 Pa·s，漏印模板印刷用黏度为200~600 Pa·s；

（3）精细间距印刷时选用球形、细粒度焊锡膏。

（4）双面焊接时，第一面采用高熔点焊锡膏，第二面采用低熔点焊锡膏，保证两者相差30~40℃，以防止第一面已焊元器件脱落。

（5）当焊接热敏元件时，应采用含铋的低熔点焊锡膏。

（6）采用免洗工艺时，要用不含氯离子或其他强腐蚀性化合物的焊锡膏。

2）焊锡膏使用的注意事项

（1）焊锡膏（图 4.24）通常应该保存在 5~10 ℃的低温环境下，可以储存在电冰箱的冷藏室内，超过使用期限的焊锡膏不得再使用，焊锡膏的取用原则是先进先出。

（2）一般应该在使用前至少 2 h 从冰箱中取出焊锡膏，待焊锡膏达到室温后，才能打开焊锡膏容器的盖子，以免焊锡膏在升温过程中凝结水汽。

（3）观察焊锡膏，如果表面变硬或有助焊剂析出，必须进行特殊理，否则不能使用；如果焊锡膏的表面完好，也要用不锈钢棒搅拌均匀以后再使用；如要焊锡膏的黏度大，应该适当加入所使用焊锡膏的专用稀释剂，稀释并充分搅拌以后再用，也可以选择焊锡膏搅拌机进行搅拌。

（4）使用时取出焊锡膏后，应及时盖好容器盖，避免助焊剂挥发。

（5）涂覆焊锡膏和贴装元器件时，操作者应该戴手套，避免污染电路板。

（6）把焊锡膏涂覆到 PCB 上时，如果涂覆不准确，必须擦洗掉焊锡膏再重新涂覆，擦洗免清洗焊锡膏不得使用酒精。

（7）印好焊锡膏的电路板要及时贴装元器件，尽可能在 4 h 内完成回流焊。

（8）免清洗焊锡膏原则上不允许回收使用，如果印刷涂覆作业的间隔超过 1 h，必须把焊锡膏从模板上取下来并存放到当天使用的单独容器里，不要将回收的焊锡膏放回原容器。

图 4.24　焊锡膏

跟我练：

小组之间复述回流焊工艺的流程及使用场景，提炼回流焊的技术优势，填入表 4.21 中。

表 4.21　回流焊工艺的流程及使用场景记录表

流程	问题记录	解决方案
回流焊的优势有哪些？		

6. SMT 自动化生产线

SMT 生产线按照自动化程度可分为全自动生产线和半自动生产线。全自动生产线是指整条生产线的设备都是全自动设备，通过自动上板机、缓冲带和自动下板机将所有生产设备连成一条自动线。半自动生产线是指主要生产设备没有连接起来或没有完全连接起来，印刷机是半自动的，需要人工印刷或者人工装卸印制电路板。

根据生产产品的不同，SMT 生产线可分为单生产线和双生产线。SMT 单生产线由印刷机、贴片机、回流炉、测试设备等自动表面组装设备组成，主要用于只在 PCB 单面组装 SMC/SMD 的产品。SMT 单生产线的基本组成如图 4.25 所示。SMT 双生产线由两条 SMT 单生产线组成，其中这两条 SMT 单生产线可以独立存在，也可串联组成，主要用于在 PCB 双面组装 SMC/SMD 的产品。电子产品的单板组装方式不同采用的生产线也不同。如果印制电路板上仅贴有表面组装元器件，那么采用 SMT 生产线即可；如果是表面组元器件和插装元器件混合组装时，还需在 SMT 生产线的基础上附加插装件组装线和相应的设备；当采用的是非免清洗组装工艺时，还需附加焊接后的清洗设备，如图 4.25 所示。

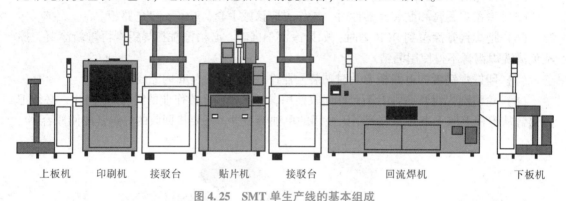

| 上板机 | 印刷机 | 接驳台 | 贴片机 | 接驳台 | 回流焊机 | 下板机 |

图 4.25　SMT 单生产线的基本组成

SMT 生产线还可以按照生产线的规模大小，分为大型、中型和小型生产线。大型生产线是指具有较大的生产能力。一条大型单面生产线上的贴片机由一台泛用机和多台高速机组成。中、小型生产线主要适合于研究所和中小企业，满足多品种，其实物如图 4.26 所示。

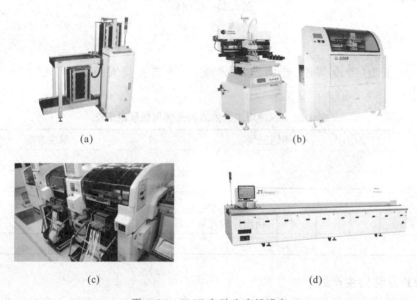

(a)　　　　　　　　　　　　　(b)

(c)　　　　　　　　　　　　　(d)

图 4.26　SMT 自动生产线设备

(a) 上板机；(b) 印刷机；(c) 贴片机；(d) 回流焊炉

7. SMT 工艺

1）焊锡膏涂覆工艺

焊锡膏模板印刷是为 PCB 上的元器件焊盘在贴片和回流焊接之前提供焊锡膏，使贴片工艺中装的元器件能够粘在 PCB 焊盘上，同时为 PCB 和元器件的焊接提供适量的焊料，以形成焊点，达到电气连接。

焊锡膏模板印刷的基本过程概括起来可分为 4 个步骤：识别对位、填充刮平、分离、擦网，如图 4.27 所示。与这些步骤有关的主要设备结构有印刷刮刀、印刷工作台、识别 CCD 相机、印刷模板、模板清洗机构、导轨调节机构等。

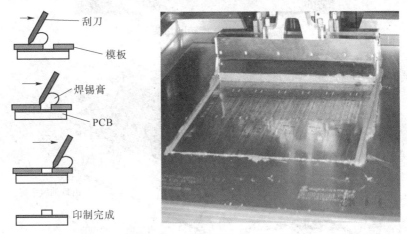

图 4.27 焊锡膏涂覆工艺

因焊锡膏是一种触变流体，具有一定的黏性，当刮刀以一定的速度和角度向前移动时，对焊锡膏将产生一定的压力 F，而压力 F 又可以分解成水平分力和垂直分力。由于焊锡膏的黏度会随着刮刀与模板交接处产生的切变力逐渐下降，因此垂直分力的作用下焊锡膏能够顺利地注入模板的开孔窗口中，并最终牢固且准确地涂覆在焊盘上。

2）贴片工艺

贴片的基本流程大多是通过贴片机来完成的。在贴片机导轨的长度方向上一般安装有 4 个传感器：入口传感器、缓冲等待传感器、限位（到达）传感器和出口传感器。PCB 传输带一般分为 3 段传输，当入口传感器感应到导轨入口处有 PCB 时，自动将 PCB 向前传送，经过缓冲等待传感器到达限位传感器时会自动停止，此时导轨会按照程序夹住 PCB，同时底部顶针升起支撑 PCB（先夹后顶或先顶后夹），使 PCB 定位；然后贴片头（图 4.28）自动按照程序到吸嘴库更换吸嘴；进行基准校准；按照贴片程序到相应的料站上拾取元器件并对中，贴片；从第 1 步开始贴到最后 1 步，完成一个贴片程序（循环）后 PCB 被自动输出。这时在后面等待传感器处的 PCB 会自动向前传输，进行下一块 PCB 的贴装。

3）回流焊工艺

回流炉用于 SMC/SMD 其他元器件和接插件引脚、电极与 PCB 焊盘之间的钎焊连接，是组成 SMT 生产线的主要设备，如图 4.29 所示。其基本功能为：在机械传送机构的带动下，使已贴装有行焊元器件的 PCB 以设定速度通过设定温度工作区，采用外部热源，加温已经事先涂覆 PCB 焊盘与被连接对象引脚或电极之间的焊料，使其通过预热、升温、熔化（再次流动）、冷却等过程，最终达到 PCB 焊盘与被连接对象引脚或电极之间牢固、可靠的焊接。

图 4.28 旋转贴片头

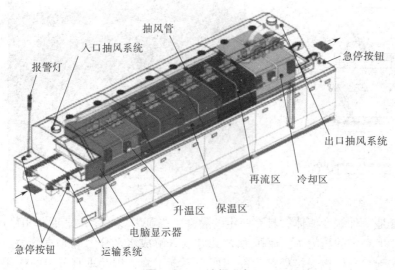

图 4.29 回流焊设备

回流炉根据加热方法的不同，有红外再流焊、热风再流焊、红外热风再流焊、汽相流焊等多种类型。由于红外热风再流焊吸收和融合了红外再流焊与热风再流焊的优点，有加热效果好、温场均匀等特点，目前在 SMT 组装系统中使用的比例越来越大。

（1）再流焊的工艺要求。

为了提高 SMT 电子产品的直通率，除了要减少肉眼看得见的焊点缺陷外，还要克服虚焊、焊接界面结合强度差、焊点内部应力大等肉眼看不见的焊点缺陷。因此，再流焊工序必须在受控的条件下进行。再流焊的工艺要求如下：

①根据所选用的焊锡膏温度曲线与 PCB 的具体情况，结合焊接理论，设置理想的再流焊温度曲线，并定期（每个产品、每班或每天）测试实时温度曲线，确保再流焊的质量与工艺稳定性。

②焊接过程中，严防传送带振动。

③要按照 PCB 设计时的焊接方向进行焊接。

④必须对首件印制电路板的焊接效果进行检查。检查焊接是否充分、有无焊锡膏熔化不充分的痕迹、焊点表面是否光滑、焊点形状是否呈半月状、锡球和残留物、连焊和虚焊的情况；还要检查 PCB 表面颜色的变化情况，回流焊后允许 PCB 有少许但是均匀的变色，

并根据检查结果调整温度曲线。在整批生产过程中要定时检查焊接质量。

（2）回流焊质量要求。

回流焊的高质量是由回流焊的高直通率和高可靠性来保证的，现代电子企业一般不提倡"检查–返修或淘汰"的一贯做法，更不容忍错误发生，任何返修工作都可能给成品的质量添加不稳定的因素。

过去通常认为，补焊和返修会使焊点更加牢固，看起来更加完美，可以提高电子组件的整体质量。但这一传统观念并不正确，因为返修工作都是具有破坏性的，特别是当前组装密度越来越高，组装难度越来越大，返修会缩短产品的寿命，所以大家要尽量避免返修。

（3）回流焊工艺品质因素。

回流焊的工艺目的是获得良好的焊点，当 PCB 从入口处进入升温区时，焊锡膏中的溶剂、气体会蒸发掉，焊锡膏开始软化、塌落、覆盖焊盘，将焊盘、元件焊端与氧气隔离；PCB 进入预热区（保温区）时，使 PCB 和元器件得到充分的预热，以防 PCB 突然进入焊接高温区而损坏 PCB 和元器件；在助焊剂浸润区（活化区）、快速升温区，焊锡膏中的助焊剂润湿焊盘、元件焊端，并清洗氧化层；当 PCB 进入焊接区（回流区）时，温度迅速上升使焊锡膏达到熔化状态，液态焊锡膏润湿 PCB 的焊盘、元件焊端，同时发生扩散、溶解、冶金结合，漫流或回流混合形成焊锡接点；PCB 进入冷却区使焊点凝固。此时完成了回流焊。

（4）回流焊温度曲线对回流焊质量的影响。

温度曲线是保证焊接质量的关键，实时温度曲线和焊锡膏温度曲线的升温斜率和峰值温度应基本一致，如图 4.30 所示。

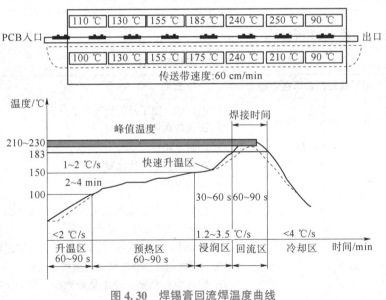

图 4.30　焊锡膏回流焊温度曲线

160 ℃前的升温速率控制在 1~2 ℃/s。如果升温斜率速度太快，一方面使元器件及 PCB 受热太快，易损坏元器件，造成 PCB 变形；另一方面，焊锡膏中的熔剂挥发速度太快，容易溅出金属成分，产生焊锡球。峰值温度一般设定在比合金熔点高 30~40 ℃（例如 63Sn/37Pb 焊锡膏的熔点为 183 ℃，峰值温度应设置在 215℃左右），回流时间为 60~90 s。峰值温度低或回流时间短会使焊接不充分，不能生成一定厚度的金属间合金层，严重时会造成焊锡膏不熔；峰值温度过高或再流时间长，使金属间合金层过厚，也会影响焊点强度，甚至会损坏元器件和印制电路板。

跟我练：

查阅相关资料，搜集并整理 SMT 中焊锡膏涂覆工艺、贴片工艺、回流焊工艺的缺陷及工艺分析，找出图片并提出预防策略，填入表 4.22 中。

表 4.22　SMT 焊接过程中工艺分析

SMT 焊接流程中工艺缺陷	工艺分析	预防对策
焊锡膏涂覆工艺缺陷		
贴片工艺缺陷		
回流焊工艺缺陷		

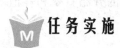 **任务实施**

工作任务书如表 4.23 所示。

表 4.23　工作任务书

任务名称	电子线路自动焊接训练		日期	
实践内容	器材与工具	1. 电烙铁、镊子及其他五金工具； 2. 焊锡丝和铜丝等材料； 3. 印制电路板； 4. 各种插孔和贴装元器件； 5. 漏印钢网、回流焊炉等		
	具体要求	1. 按要求在印制电路板上进行贴装元件的手工焊接，涂覆焊锡膏、贴装元件、回流焊接； 2. 按要求进行插孔元件的手工焊接，牢记电烙铁的正确拿法、焊丝的送法及电烙铁的撤离方法； 3. 检查焊接质量，焊点是否光滑、均匀，有无虚焊、漏焊、桥接等缺陷		
具体操作				
注意事项	1. 引线和焊盘要同时加热，整个焊接过程时间不要过长； 2. 注意烙铁撤离的角度，避免出现拉丝； 3. 焊接完每一个贴片元器件后要用 5~10 倍的放大镜进行质量检测			

自我检测题

（1）浸焊是指将插装好元器件的印制电路板浸入有熔融状焊料的锡锅内，一次完成印制电路板上所有焊点的自动焊接过程。（　　）

（2）波峰焊的工艺过程包括（　　）。（多选）

A. 涂助焊剂　　　　B. 预热　　　　　　C. 波峰焊接　　　　D. 冷却

（3）（　　）不适用于贴装元器件的焊接。

A. 浸焊　　　　　　B. 波峰焊　　　　　C. 回流焊

（4）回流焊需进行（　　）次焊锡膏熔化。

A. 1　　　　　　　B. 2　　　　　　　　C. 3　　　　　　　　D. 4

（5）（　　）方法可以充分利用板面空间，并能保证通孔元器件的散热需求。

A. 完全表面组装　　B. 单面混装　　　　C. 双面混装

（6）回流焊技术中，焊料只是一次性使用，不存在再次利用的情况，因而焊料很纯净，没有杂质，保证了焊点的质量。（　　）

（7）总结波峰焊和回流焊的优缺点。

（8）什么是波峰焊？主要用在什么元件的焊接上？

（9）什么是回流焊？主要用在什么元件的焊接上？总结回流焊的工艺特点与要求。

 考核评价

考核评价如表4.24所示。

表4.24 考核评价

任务4.3 电子线路的自动焊接技术					
班级		姓名		组号	
				扣分记录	得分
项目	配分	考核要求	评分细则		
安全文明操作	15分	1. 工作台上工具摆放整齐； 2. 完毕后整理好工作台面； 3. 严格遵守安全操作规程	1. 工具摆放不整齐扣5分； 2. 团队不配合扣15分； 3. 查出并直接运用，无创新，扣完5分为止； 4. 学习态度应付扣20分		
贴装元件的安装	20分	1. 正确区别贴装元器件的类型； 2. 正确漏印焊锡膏； 3. 正确贴装元器件	1. 识别错误一个扣5分； 2. 漏印焊锡膏错误扣10分； 3. 贴装元器件错一个扣5分		
贴装元件的焊接	20分	1. 掌握贴装元器件焊接的操作要领； 2. 焊接元器件操作规范	1. 不按焊接步骤操作扣10分； 2. 操作不规范扣5分		
插孔元件的焊接	30分	1. 掌握插孔元器件焊接的操作要领； 2. 焊接元器件操作规范	1. 不按焊接步骤操作扣10分； 2. 操作不规范扣5分		
整体质量评判	15分	1. 焊点光滑、均匀、美观、整体质量好； 2. 无虚焊、假焊、漏焊、塌落等缺陷	1. 整体焊接有缺陷扣10分； 2. 有焊接缺陷每个扣5分		
总　分					

任务 4.4　智能电子产品的设计与制作

任务描述

随着我国人口老龄化的加剧，对老年人生活的关注越来越多，有越来越多的智能化产品走进人们的生活，本任务针对老年人使用的拐杖进行改进，加入 OLED、蜂鸣器、心率测量等传感器，通过心率检测、报警等方法对老年人摔倒的行为进行预警，降低老年人行走的危险性。

任务目标

素养目标	知识目标	技能目标
1. 培养团队协作能力； 2. 培养学生精益求精的工匠精神； 3. 培养学生认真严谨的学习态度。	1. 掌握电子产品插孔焊接方法； 2. 掌握电子产品贴装焊接方法； 3. 掌握电子产品组装调试方法。	1. 能进行插孔元器件的焊接； 2. 能进行贴装元器件的焊接； 3. 能进行电子产品的组装调试。

任务步骤

1. 产品焊接

根据给出的智能拐杖电路板、OLED 电路板和元器件表（表 4.25、表 4.26），从提供的元器件中正确选择元器件，准确地焊接在提供的电路板上，如图 4.31 所示。

表 4.25　OLED 屏幕元件清单

元件名称	元件标号	参数	封装	数量
0603 电容	C_1、C_2、C_3、C_4、C_6	1 μF	C_0603	5
0603 电容	C_5、C_7、C_8	4.7 μF	C_0603	3
玻封贴片	D1	1N4148	D1206	1
4P 直插针	J1	CON4	CON4	1
OLED 屏幕	J2	分辨率为 128×64，0.96 in（白）	OLED 排线	1
0603 电阻	R_1、R_2、R_3	10 kΩ	R_0603	3
0603 电阻	R_4	390 kΩ 或（270 kΩ）	R_0603	1
集成芯片	1C1	662 kΩ	SOT-23	1

表 4.26 智能拐杖元件清单

元件名称	元件标号	参数	封装	数量
蜂鸣器	B1	5 V 有源蜂鸣器	蜂鸣器	1
纽扣电池	BT1	3 V	BAT 1	1
贴片电解电容	C_1、C_2	100 μF/16 V 6.3×5.4	CAPSMT 5.5×6	2
0805 电容	C_3、C_4、C_5、C_6、C_8	104	C_0805	8
0805 电容	C_{10}、C_{12}、C_{14}、C_7、C_9	20 pF	C_0805	2
0805 电容	C_{11}	103	C_0805	1
贴片电解电容	C_{13}、C_{15}、C_{16}、C_{19}	10 μF/63 V 6.3×5.4	CAPS MT 5.5×6	4
贴片电解电容	C_{17}、C_{18}	1 μF/50 V 4×5	CAPS MT 5×5.4	2
贴片电容	C_{20}、C_{21}	22 pF	C_0805	2
集成芯片	IC1	AMS117-3.3	AMS117-3.3	1
集成芯片	IC2	STM32F 103-48	LQFP 48	1
集成芯片	IC3	LM358	SOP 8	1
集成芯片	IC4	MCP 6004	SOP 14	1
光电耦合器	IC5	T CRT 5000	T CRT 5000	1
绿色端子+ 插座（套）	J1	CON2	KF301-2P	1
4P-单排直插针	J3	SWD	CON 4	1
4P 排针插座	J2、J4		CON 4	2
0805 发光二极管	LED1、LED3	红色	LED-SMT	2
0805 发光二极管	LED2	白色	LED-SMT	1
0805 电阻	R_1	510 Ω	R_0805	1
0805 电阻	R_2、R_3、R_5、R_9、R_{22}	1 kΩ	R_0805	5
0805 电阻	R_4、R_6、R_7、R_8、R_{10}	10 kΩ	R_0805	7
0805 电阻	R_{11}、R_{12}、R_{20}、R_{21}、 R_{25}、R_{28}	100 kΩ	R_0805	5
0805 电阻	R_{13}	820 Ω	R_0805	1
0805 电阻	R_{14}	22 kΩ	R_0805	1
0805 电阻	R_{15}	200 kΩ	R_0805	1
0805 电阻	R_{16}、R_{17}、R_{23}	3 kΩ	R_0805	3
0805 电阻	R_{18}、R_{19}	30 kΩ	R_0805	2
0805 电阻	R_{24}	51 kΩ	R_0805	1

续表

元件名称	元件标号	参数	封装	数量
0805 电阻	R_{26}	1 MΩ	R_0805	1
光敏电阻	R_{27}	光敏电阻	RG	1
3296 电位器	R_{P1}	100 kΩ		1
自锁开关（黑色）	S1	自锁开关	自锁开关	1
贴片轻触开关	S2、S3、S4、S5、S6	轻触开关（6×6×4.3）	贴片按钮	5
滚珠开关	S7	振动开关		1
贴片二极管	VD1	1N5819	4007-SMT	1
玻封贴片	VD2、VD3	1N4148	D_1206	2
稳压二极管	VD4	1N4727	DIODE0.3	1
贴片三极管	VT1、VT2	S8050	SOT-23	2
时钟晶振	Y1	32.768 kΩ	32.768 kHz	1
晶振（贴片）	Y2	8 MΩ	XTAL-1	1
贴片电池座		CR1220		1
超声波模块		HC-SR04		1
铜柱（带螺纹）				4
智能拐杖 PCB				1

　　要求：在印刷电路板上所焊接的元器件的焊点大小适中、光滑、圆润、干净，无毛刺，无漏、假、虚、连焊，引脚加工尺寸及成型符合工艺要求；导线长度、剥线头长度符合工艺要求，芯线完好，捻线头镀锡。其中包括贴片焊接、非贴片焊接。

　　2. 产品装配

　　根据给出的智能拐杖、OLED 电路板和元器件表（表 4.25、表 4.26），把选取的元器件及功能部件正确地装配在提供的电路板上。

　　要求：元器件焊接安装无错漏，元器件、导线安装及元器件上字符标示方向均应符合工艺要求；电路板上插件位置正确，接插件、紧固件安装可靠牢固；电路板和元器件无烫伤和划伤处，整机清洁无污物。

　　3. 功能验证

　　（1）J1 处正确连接 5 V 电源，插上 OLED 屏幕和超声波模块。按下 S1，LED 2 亮，用万用表测得 IC1 的 48 脚处有 +3.3 V 电压。

　　（2）OLED 显示正常。上电按下 S2 复位后，按钮液晶能正常显示开机界面，图像和字符及颜色都正常。开机后 1~2 s 界面正常显示日期、时间、距离、心率。

　　（3）蜂鸣器正常工作。上电按下 S2 复位后，蜂鸣器会鸣叫，按任何按键也会鸣叫。

　　（4）防摔倒电路正常。由于拐杖正常使用时控制板是竖直放置，所以 PCB 竖直放置时，无报警。当电路板平放时，蜂鸣器发出"滴滴滴"的报警声，同时 LED1 红灯点亮，提示老人可能摔倒。

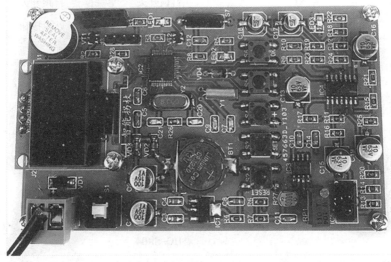

图 4.31 产品焊接图

（5）心率测量电路正常工作。正常情况下，将手指指尖平稳地放在反射式光电传感器 IC5 上，手指不要用力压，轻轻地放在上面即可，如果环境光线强，最好再将另一只手遮挡在所测手指上，减小外界光线干扰，LED3 脉搏指示灯将根据脉搏跳动而闪烁。在 LED3 正常闪烁几次后，液晶显示"心率：0bpm"，说明此时正在进行心率测量，手指指尖停留 1 min 左右，显示屏将显示出心率数。持续 10 s 后液晶恢复显示"心率：-bpm"。注：当液晶自发显示"心率：0bpm"，LED3 闪烁，说明当前的环境光线强，影响了心率测量。当液晶显示"心率：bpm"时开始测量心率，数据会准确。

（6）按键正常。工作界面时，按 SET 键进入设置菜单，+、-键可以进行菜单选项选择，此时按设置键可以返回设置菜单，或者按 OK 键进入对应的设置选项。功能验证图如图 4.32 所示。

（7）手电工作正常。可以进入设置菜单选择"手电模式设置"，按 OK 键选择"手电模式"后，可以选择"手动模式"或者"自动模式"，选择好后按"OK"键保存并退出，再回到主界面。手动模式下，在主界面正常工作时，可以按"OK"键开启或者关闭手电（LED2 表示灯泡）；自动模式下，调节电位器 R_{P1}，使得光线亮时，手电自动关闭，光线暗时，手电自动打开。

（8）万年历电路工作正常。设置菜单选择"时间设置"后，此时按"SET"键可以选择要设置的位置，"+""-"可以调节大小，设置好当前的日期和时间后按"OK"键保存并退出回到主界面。此时应能正常显示日期和时间，并且时间正常走动。关闭电源后 10 s 以上，再打开电源，时间应该和当前时间一致。

（9）超声波测距电路正常。OLED 显示屏上能正常显示障碍物距离，当超声波模块前障碍物的距离小于 4 cm 的时候，蜂鸣器会发出"滴滴滴"的报警声提示主人前面有障碍物。

图 4.32　功能验证图

4. 绘制原理图

根据提供的 OLED 模块实物电路图和印制电路板，画出其原理图，并进行功能改进设计，在电路图中标明元器件的标号和标称值。

 任务实施

工作任务书如表 4.27 所示。

表 4.27　工作任务书

任务名称	智能电子产品的设计与制作	日期	
实践内容	器材与工具	1. 电烙铁、镊子及其他五金工具； 2. 焊锡丝和铜丝等材料； 3. 印制电路板； 4. 各种插孔和贴装元器件； 5. 漏印钢网、回流焊炉等	
	具体要求	1. 产品焊接； 2. 产品装配； 3. 功能验证； 4. 电路图绘制	

任务名称	智能电子产品的设计与制作	日期	
具体操作			
注意事项	1. 引线和焊盘要同时加热，整个焊接过程时间不要过长； 2. 注意烙铁撤离的角度，避免出现拉丝； 3. 焊接完每一个贴装元器件后要用 5~10 倍的放大镜进行质量检测		

考核评价

考核评价如表 4.28 所示。

表 4.28　考核评价

任务 4.4　智能电子产品的设计与制作						
班级		姓名		组号	扣分记录	得分
项目	配分	考核要求	评分细则			
安全文明操作	20 分	1. 工作台上工具摆放整齐； 2. 完毕后整理好工作台面； 3. 严格遵守安全操作规程	1. 工具摆放不整齐扣 5 分； 2. 团队不配合扣 15 分； 3. 查出并直接运用，无创新，扣完 5 分为止； 4. 学习态度应付扣 20 分			
产品焊接	20 分	1. 正确区别贴装元器件的类型； 2. 正确焊接插孔和贴装元器件； 3. 焊接元器件操作规范	1. 识别错误一个扣 5 分； 2. 不按焊接步骤操作扣 10 分； 3. 操作不规范扣 5 分			
产品装配	10 分	1. 准确识别元器件； 2. 正确装配所给元器件	1. 识别不准确一个扣 5 分； 2. 装配不正确一个扣 5 分			
功能验证	30 分	1. 根据 OLED 功能进行产品功能验证； 2. 根据智能拐杖功能进行产品功能验证	功能不满足一个扣 5 分			
原理图绘制	20 分	1. 正确绘制原理图； 2. 标明元件标号和标称值	1. 绘图不完整扣 5 分； 2. 漏标元件标号和标称值每个扣 2 分			
总　分						

模块 5

电子产品的生产工艺

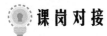 **课 岗 对 接**

1. 按照工业文件进行产品整机装配和调试。
2. 按照技术文件要求进行故障排除。

任务 5.1　声光控楼道灯电路的整机装配

任务描述

整机装配是指按工艺文件的要求，有规律、有技巧地完成产品中电路板的组装过程，是电子产品总装过程中一个重要的工艺过程。本任务要求对声光控楼道灯电路进行装配，在装配过程中，了解系统内各组件的组成结构，并严格按照工艺规程操作，保证产品质量。

任务目标

素养目标	知识目标	技能目标
1. 培养学生规范操作意识； 2. 培养学生岗位职责意识。	1. 了解电子产品整机装配的技术要求； 2. 掌握电子产品整机装配的流程。	1. 能遵照总装要求完成整机装配； 2. 能根据工艺文件完成电子产品的整机装配。

知识链接——跟我学

5.1.1 电子产品的整机装配技术要求

电子产品的整机装配包括机械装配和电气装配两大部分的工作。具体地说，是指各零部件按照设计安装在不同的位置上，组合成一个整体，再用导线将零部件之间进行电气连接，完成一个具有一定功能的完整机器，以便进行整机调整和测试。

由于装配过程中需要应用多项基本技术，装配质量很难进行定量分析，所以严格按照工艺要求进行装配，加强工作人员的责任心是十分必要的。

1. 整机装配的工艺要求

整机装配要求：牢固可靠，不损坏元件，避免碰坏机箱及元器件的涂覆层，不破坏元件的绝缘性能，元件及排线安装时的方向、位置要正确。

1）产品外观要求

电子产品整机装配中外观质量是电子产品制造企业最关心的问题，基本上每个企业都会在工艺文件中提出各种要求来确保外观质量良好。虽然不同企业产品不同、采取措施不同，但都是遵循以下几个原则来考虑的。

（1）存放壳体等注塑件时，要用软布罩住，防止灰尘等污染。

（2）搬运时要轻拿轻放，防止意外碰撞，且最好单层叠放。

（3）用工作台及流水线传送带传送时，要铺设软垫或塑料泡沫垫，供摆放注塑件用。

（4）装配时，操作人员要戴手套，防止壳体等注塑件沾染油污、汗渍或划伤外观。操作人员使用和放置电烙铁时要小心，防止烫伤面板或外壳。

（5）用螺钉固定部件或面板时，力矩大小选择合适，防止壳体或面板开裂。

（6）使用黏合剂时，用量适当，防止量多溢出，若黏合剂污染了外壳要及时用清洁剂擦净。

2）安装方法中的注意事项

装配过程是综合运用各种装连工艺的过程，制定安装方法时应遵循相应的原则。整机装配的一般原则是：先轻后重、先小后大、先铆后装、先装后焊、先里后外、先下后上、先平后高、易碎易损坏后装，上道工序不得影响下道工序。除此之外，具体的安装方法还有以下要求：

（1）严格按照工艺指导卡进行操作。操作时要认真谨慎，提高装配质量。

（2）安装过程中尽可能采用标准零件，使用的元器件和零部件的规格型号符合设计要求。

（3）适当调整工位的工作量，均衡生产，保证产品产量和质量。

（4）根据产品结构、采用元器件及零部件的变化情况，及时调整安装工艺。

（5）在总装配过程中，若质量反馈表明装配过程中存在质量问题，应及时调整工艺方法。

3）结构工艺方面的要求

结构工艺指用紧固件和黏合剂将产品零部件按照设计要求放置在相应的位置上。电子

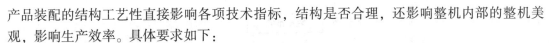

产品装配的结构工艺性直接影响各项技术指标，结构是否合理，还影响整机内部的整机美观，影响生产效率。具体要求如下：

（1）合理使用紧固件，保证装配精度，必要时可调整环节，保证安装方便和连接可靠。

（2）机械结构装配后不能影响设备的调整和维修。

（3）线束的固定和安装要有利于组织生产，并整齐美观。

（4）根据要求提高产品结构件本身耐冲击、抗振动的能力。

（5）保证线路连接的可靠性，操纵机构精确、灵活，操作手感好。

2. 电子产品总装的基本要求

电子产品总装的基本要求有以下几个方面：

（1）未经检验合格的零部件不得安装，已检验合格的零部件必须保持清洁。

（2）认真阅读工艺文件和设计文件，严格遵守工艺规程，装配完成后的整机应符合图纸和工艺文件的要求。

（3）严格遵守装配的顺序，注意前后工序的衔接，防止前后顺序颠倒。

（4）装配过程不要损伤元器件，避免碰坏机箱和元器件上的涂覆层，以免损坏绝缘性能。

（5）熟练掌握操作技能，保证质量，严格执行自检、互检与专检（专职调试检验）的"三检"原则。总装中的每一个阶段的工作完成后都应自行检验，分段把好质量关，从而提高产品的一次通过率。

5.1.2　电子产品的整机装配流程

整机装配是依据产品所设计的产品装配工艺程序及要求进行的，并针对大批量生产的电子产品的生产组织过程，科学、合理、有序地安排工艺流程。将电子产品生产工艺基本分为装配准备、部件装配、整机装配三个阶段。装配操作流程如图5.1所示。

1）装配准备

装配准备是整机装配的关键，主要准备部件装配和整机装配所需要的零部件、工装设备、人员定位及流程的安排，并准备好整机装配与调试中各种工艺文件、技术文件，以及装配所需的仪器设备。

2）印制电路板装配

印制电路板装配属于部件装配，但是由于比较复杂，技术水平要求高，所有电子场频生产中印制电路板装配是产品质量的核心，因此采用单独管理或外加工方式。

无论是哪种加工方式，检验与电路调试是必要的过程，所以在整机装配前需要对各项技术参数进行测试，以保证整机质量。

3）整机装配

整机装配是将合格的单元功能及其他零部件，通过螺钉连接等工艺，安装在规定的位置上。在整机装配过程中，各工艺除了按照工艺文件要求操作外，还应严格进行自检和互检，并在装配过程的一定阶段设置相应的互检工序，分段把好质量关，以提高整机生产的合格率。

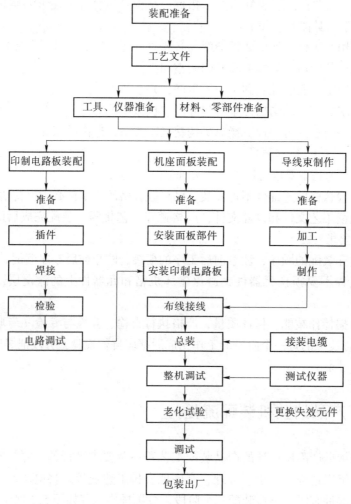

图 5.1　装配操作流程

4）整机调试

整机调试包括调整和测试两部分内容，即对整机内可调部分进行调整，并对整机的电气性能进行测试。电子产品整机装配完成之后，对电路性能指标进行初步调试，调试合格后再把面板、机壳等部分进行合拢总装。

5）整机检验

整机检验应按照产品的技术文件要求进行，检验整机的各种电气性能、机械性能和外观等。通常按照以下步骤进行：

（1）对总装的各种零部件进行检验。按照规定的有关标准剔除废品和次品，做到不合格的材料和零部件不投入使用。

（2）工序间的检验。后一道工序的工人检查前一道工序工人加工的产品质量，不合格的产品不流入下一道工序。

（3）电子产品的综合检验。一般先由车间检验员对产品进行电气、机械方面的检查，认为合格的产品再由专职检验员按比例进行抽样检验，全部产品检验合格后，电子整机产

品才能进行包装入库。

　　6）包装出厂

　　包装是电子产品总装过程中起保护产品、美化产品及促销的重要环节。合格的电子产品经过合格的包装，就可以入库储存或直接出厂运往需求部门，进而完成整个总装过程。

5.1.3　电子产品整机装配——跟我练

　　按照电子产品整机组装流程，完成声光控楼道灯电路的装配。

1. 元器件清点及检测

　　根据材料清单，将所有要焊接的电子元器件进行清点及检测，并将检测结果填入表 5.1 中。

表 5.1　元器件检测表

序号	标称	名称	检测结果
1	C_1	电容	
2	C_2	电解电容	
3	C_3	电解电容	
4	R_1	贴片电阻	
5	R_2	贴片电阻	
6	R_3	贴片电阻	
7	R_4	贴片电阻	
8	R_5	贴片电阻	
9	R_6	贴片电阻	
10	R_S	贴片电阻	
11	R_G	光敏电阻	
12	MC	驻极体电容式传声器	
13	R_{P1}	电位器	
14	R_{P2}	电位器	
15	R_{P3}	电位器	
16	VZ	稳压二极管	
17	VD	整流桥堆	
18	VT1	三极管	
19	VT2	晶闸管	
20	U1	（贴片）集成块	

序号	标称	名称	检测结果
21	VD1	（贴片）二极管	
22	VD2	二极管	
23	L	灯	
24	J	扣线插座	

2. 元器件安装

如图 5.2 所示，进行元器件安装。

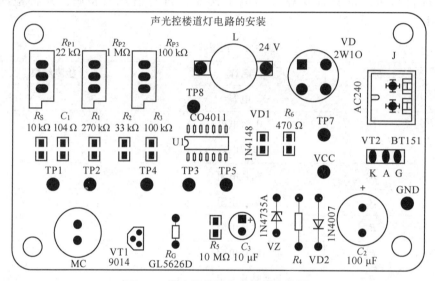

图 5.2　声光控楼道灯电路板安装图

对照电路板进行元器件安装时，应按照表 5.2 进行。

表 5.2　元器件安装工艺要求

	器件名称	合格要求	自查结果
安装工艺	电阻	卧式安装，贴近电路板	
	二极管	1. 卧式安装，贴近电路板； 2. 正负极性放置正确	
	稳压二极管	1. 卧式安装，贴近电路板； 2. 正负极性按照工作条件安装	
	光敏电阻	立式安装，高度（5±1）mm	
	电容	尽量插到底	
	三极管	立式安装，高度（4±1）mm	
	晶闸管	立式安装，高度（4±1）mm	

3. 电路板焊接

按照图 5.3 所示声光控楼道灯电路板进行元器件焊接。

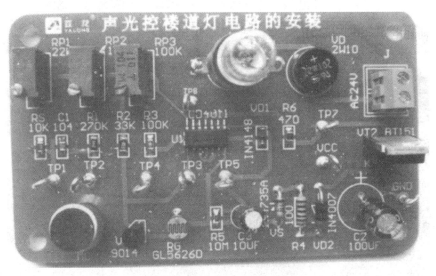

图 5.3　声光控楼道灯电路板

焊接完毕之后，按照表 5.3 进行检测。

表 5.3　声光控楼道灯电路焊接检查标准

项目	检查项目	合格标准	自查结果
焊接工艺	印制板	插件位置正确	
	元器件极性	极性正确	
	导线安装	1. 走线无重叠、交错； 2. 排列整齐； 3. 导线良好加固	
	接插件、紧固件	1. 不能出现安装不到位的现象； 2. 不能出现卡件失效现象	
	整机	1. 无烫伤、划伤处； 2. 整机整洁无污物	
	话筒安装	话筒外壳与负极相连	
	焊点	1. 焊点大小适中，光滑、圆润，无毛刺； 2. 无漏焊、虚焊等现象； 3. 元器件焊接牢固，无机械损伤	
	导线	1. 导线长度适中，芯线完好； 2. 夹住元器件的引线无松动现象	

任务实施

（1）简述电子产品整机装配流程。

（2）简述电子产品整机装配的技术要求。

 **考核评价**

考核评价如表5.4所示。

表5.4　考核评价

声光控楼道灯电路的装配					
班级		姓名		组号	
项目	配分	考核要求	评分细则	扣分记录	得分
电路原理	10分	1. 对电路原理能正确分析； 2. 熟悉电路结构及各元件功能	1. 电路原理分析不全面，扣2分； 2. 电路原理需要在教师或组员指引下分析，扣3分； 3. 电路原理完全不懂，扣5分； 4. 电路结构及元器件功能部分分析不正确，扣2分； 5. 电路结构及元器件功能需要在教师或组员指引下分析，扣3分； 6. 电路结构及元器件功能部分完全不懂，扣5分		

声光控楼道灯电路的装配						
班级		姓名		组号	扣分记录	得分
项目	配分	考核要求		评分细则		
装配图设计	10分	1. 能合理对电路进行布局； 2. 走线工整，线与线、线与焊盘距离合理		1. 布局不合理，器件拥挤，扣3分； 2. 走线杂乱无序，扣5分； 3. 走线相对工整，布线距离相对合理，扣2分		
元件检测	20分	1. 能正确识别元器件； 2. 能准确判断元器件的极性		1. 元器件识别正确，无错误，错一个扣1分； 2. 元器件极性判断正确，无错误，错一个扣2分		
元件装配	20分	1. 各元件、插件位置正确； 2. 元器件极性放置正确； 3. 元器件、导线安装符合工艺要求； 4. 电路板无烫伤、划伤、清洁无污垢； 5. 元器件布局合理规范		1. 元件、插件位置错一处扣0.5分； 2. 元器件极性放置错误一处扣1分； 3. 元器件、导线安装不符合工艺要求，错一处扣0.5分； 4. 电路板有损坏，扣2分； 5. 元器件布局不美观、不合理，扣2分		
元件焊接	30分	1. 焊点大小适中，无漏、假、虚、连焊； 2. 焊点光滑、圆润、干净，无毛刺； 3. 引脚加工尺寸及成型符合工艺要求； 4. 导线长度、剥头长度符合工艺要求，芯线完好		1. 焊点大小不一，出现漏、假、虚、连焊现象，一处扣0.5分； 2. 焊点不合格，一处扣0.5分； 3. 引脚尺寸及成型不符合工艺要求，一处扣0.5分； 4. 导线长度不符合工艺要求，一处扣0.5分； 5. 芯线受损，一处扣1分		
安全文明操作	10分	1. 工作台上工具摆放整齐； 2. 严格遵守安全文明操作规程； 3. 焊接过程中规范操作； 4. 焊板表面整洁； 5. 操作时轻拿轻放		1. 工作台上工具按要求摆放整齐，错一处扣2分； 2. 焊接时规范操作，错一处扣1分； 3. 焊接时应轻拿轻放，不损坏元器件和工具，错一处扣3分； 4. 焊接过程中遵守安全文明操作，错一处扣2分		
总　分						

任务 5.2　八路数显抢答器的整机调试及检测

任务描述

八路数显抢答器可同时进行八路优先抢答。按键按下后，蜂鸣器发声，同时（数码管）显示优先抢答者的号数，抢答成功后，再按按键，显示不会改变，除非按复位键。复位后，显示清零，可继续抢答。本项目即对八路数显抢答器进行调试。

任务目标

素养目标	知识目标	技能目标
1. 培养学生标准意识； 2. 培养学生安全用电、规范操作意识。	1. 掌握电子产品调试的方法和步骤； 2. 掌握故障查找和故障排除的方法。	1. 能够调试电路板； 2. 能够排除电路中的故障。

 知识链接—跟我学

5.2.1　整机调试步骤

电子产品是由众多的元器件组成的，由于各元器件的性能、参数具有很大的离散性，再加上生产过程中其他随机因素的影响，使得装配完成的电子产品在性能方面有较大的差异，通常达不到设计规定的功能和性能指标，这就需要装配完成后进行产品的调试。调试既是保证并实现电子产品功能和质量的重要工序，又是发现电子产品设计缺陷和工艺缺陷的重要环节。

1. 整机调试的步骤

整机调试一般有以下几个步骤：

1）整机外观检查

整机外观检查主要是检查外观部件是否完整，按键拨动是否灵活，焊接的元器件是否有松动等。

2）内部结构检查

整机内部结构检查主要是检查内部结构装配的可靠性和牢固性。例如检查各部件之间的插接线与插座有无虚焊等。

3）整机的功耗测试

整机功耗是电子产品设计的一项重要的技术指标，测试时常用调压器对整机供电，即用调压器将交流电压调到 220 V，测试正常工作整机的交流电流，将交流电流值乘以 220 V，得到该整机的功率损耗。

电子产品种类繁多、电路复杂，内部单元电路的种类、要求和技术指标也不相同，对应的调试程序也不尽相同。对于简单的小型整机（如稳压直流电源、半导体收音机等），在装配完成之后可直接进行整机调试；对于结构复杂的整机，通常先对单元电路进行调试，达到要求后，再进行整机装配，最后进行整机调试。对一般电子产品来说，调试过程大致如下：

（1）电源调试。

比较复杂的电子产品都有独立的电源电路，它是其他单元电路和整机工作的基础。因此，一般先对电源电路进行调试，正常后再进行其他项目的调试。电源部分通常是一个独立的单元，电源电路通电前应检查电源变换开关的挡位是否正确、输入电压是否在允许偏差范围之内等。通电后，应注意有无打火、冒烟现象，有无异常气味，触摸电源变压器绝缘部位看有无超常温升等。若有异常现象，应立即关断电源，待排除故障后，再进行电源调试。电源电路的调试通常是在空载状态下进行，目的是防止因电源未调好而引起负载部分的电路损坏。

电源部分的调试内容主要是测试各输出电压是否达到设计值，电压波形有无异常等。空载调试正常后进行加载调试，即将电源加上额定负载，再测量各电压值，观察波形是否符合要求，当达到要求后，应固定可调元器件的位置。

（2）单元电路的调试。

电源电路调试完成后，再对各单元单路进行调试。调试时，应先测量和调整静态工作点，然后再进行动态工作点测量，直到各部分电路符合合格指标为止。

（3）整机调试。

各单元电路调试完毕之后，即可进行整机装配和整机调试。在整机调试过程中，应结合产品质量标准，对各参数分别进行测试。整机调试完毕后，再紧固各调试元器件。

对整机装配质量进一步检查后，再进行全部参数测试，测试结果均应达到技术指标要求，满足产品质量标准。

（4）环境测试。

电子设备在调试完成后，需要进行环境测试，以检验在相应环境下的正常工作能力。环境试验包括温度、湿度、气压、振动、冲击等，应严格按照技术文件的规定执行。

（5）整机老化试验。

大多数电子设备在整机调试完毕之后，均应进行整机通电老化试验，以提高电子设备工作的可靠性。

（6）参数复调。

经整机通电老化后，整机各项技术性能指标会有一定程度的变化，通常还需要进行参数复调，使出厂的整机具有最佳的技术状态。

2. 整机调试方法

调试包括测试和调整两个方面。在实际工作中，两者是一项工作的两个方面，通过反复测试调整达到电路设计指标。电子电路的调试，是以达到电路设计指标为目的而进行的一系列的"测量→判断→调整→再测量"的反复进行过程。为了使调试顺利，设计的电路图中应标明各点电位值、相应波形图等主要数据，并遵循先分调再联调的原则进行调试。

具体调试步骤如下：

（1）通电观察。

把经过准确测量的电源接入电路，观察有无冒烟现象、闻闻有无异常气味、摸摸元器件有无发烫、听听有无异常声音等异常现象。如果出现异常，应立即关断电源，待故障排除后再通电调试。然后测量各电路总电压和各器件的引脚电源电压，以保证元器件正常工作。通过通电观察，初步判断电路正常工作，再转入正常调试。

（2）静态调试。

交、直流并存是电子电路工作的一个重要特点。一般情况下，直流为交流服务，直流是电路工作的基础。因此，电子电路的调试分为静态调试和动态调试。静态调试一般指在没有外加信号的条件下，测试电路各点的电位，将测试出的数据与设计数据相比较，若超出规定的范围，应进行适当调整。

测量静态工作点就是测量各级直流工作电压和电流。测量电流时，要将电流表串入电路中，需要改动电路板的连接，很不方便；测量电压时，只要将电压表并联在电路两端即可，因此一般情况下，测量静态工作点都是测量直流电压。

（3）动态调试。

动态调试是在静态调试的基础上进行的。调试方法是在加入信号后，循着信号的流向逐级检测各有关点的波形、参数和性能指标，如测量晶体管、集成电路等的动态工作电压，检测相关点的波形、频率、电压放大倍数等。根据测试数据调整相应的可调元器件，使其多项指标符合设计要求。若在调试过程中发现电路中存在问题或异常现象，应采取不同的方法缩小故障范围，最后设法排除故障。

5.2.2 故障检测方法

在电子产品的制作中，出现故障是经常的事。查找、判断和确定故障位置及其原因是故障检测的关键，同时也对全面提高电子技能水平十分有益。下面介绍几种故障检测方法，具体应用中要针对具体检测对象灵活运用，并不断总结适合自己工作领域的经验方法，才能达到快速、准确、有效排除故障的目的。

1）观察法

观察法是通过视觉、嗅觉、触觉、听觉来查找故障部位的方法，是一种最简单、最安全的方法，也是各种仪器设备通用的检测过程的第一步。观察法分为静态观察法和动态观察法。

（1）静态观察法。

静态观察法即不通电观察，在通电前目视检查找出故障。如焊点失效、导线接头断开、接插件松脱、连接点生锈等故障，完全可以通过观察发现。若发现电路有故障，应对照安装接线图检查电路的接线有无漏线、断线、错线等，特别要检查电源线和地线的接线是否正确，为了避免和减少接线错误，应提前画出正确的安装接线图。

（2）动态观察法。

动态观察法即通电观察，通电后，运用人体不同感官检查线路故障。通电后，我们可以看看电路板有无打火现象，听听有无异常声音，闻闻有没有烧焦味，摸摸集成芯片是否发热。若出现异常现象，说明有故障，应立即关断电源，待排除故障后再通电。

为了防止故障的扩大，以及便于反复观察，通常采用逐步加压法来进行通电观察。图 5.4 所示为通电观察法。

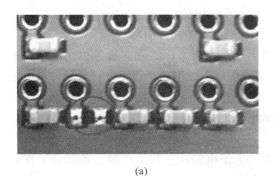

(a)

(b)

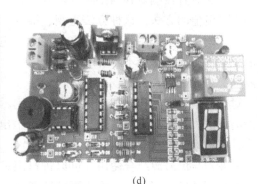

(c)   (d)

图 5.4 通电观察法

（a）视觉—元件缺失；（b）触觉—元件发热；（c）嗅觉—元件烧焦；（d）听觉—异常声音

2）测量法

如果采用观察法没有排除电路故障，可以借助仪器仪表测试电路是否导通、元器件有没有损坏等，这种方法称为测量法。测量法是故障检测中使用最广泛、最有效的方法。常用的有电阻法、电压法、电流法、波形法。

（1）电阻法。

观察法是对电子产品的外部进行检测的，而电阻法则是主要利用万用表测量电子元器件或电路各点之间的电阻值来判断故障的方法。

利用电阻法可以测量电路通断，用于检查电路中是否存在短路、断路等故障。一般采用万用表电阻挡进行测量，通过电阻值大小判断是否有故障。也可采用蜂鸣挡进行测量，通过有无蜂鸣声判断是否有故障。

电阻法还可以测量电阻值，用于检查电路中元件的电阻值是否正确。测量电阻值时，可"离线"测量，即被测元器件或电路需要从电路板上脱焊下来，单独测量。若单独测量时的阻值与标准阻值相差很小，说明该元器件没有故障。这种测量方法结果准确、可靠，但操作较麻烦。"在线"测量是在整个电路板上对元器件测量，由于被测元器件受其他串并联电路的影响，分析测量数据时应结合原理图来判断，并且必须在断电情况下进行。

（2）电压法。

电压法是通过测量电压来判断故障的方法。借助万用表的电压挡进行测量，是通电检测手段中最基本、最常用的方法。使用电压法时可逐级测量。

电压法可测量交流电压，直接使用万用表 AC 挡即可，操作简单。

在测量直流电压时，首先测量稳压电路输出端是否正常；然后测量各单元电路及电路的关键"点"，如放大电路的输出点、外接部件电源端等处电压是否正常；最后再对电路中主要元器件如晶体管、集成电路各引脚电压是否正常。将测试数据与产品标准中给出的合格数据进行比对，偏离正常电压较多的部位或元器件往往就是故障所在。

（3）电流法。

电流法是通过测量电流来判断故障的方法。电子电路在正常工作时，各部分工作电流是稳定的，偏离正常值较大的部位往往就是故障所在。

电流法有直接测量和间接测量两种方法。直接测量即将电流表直接串接在欲测的回路中测得电流值的方法，这种方法直观、准确，但需要断开导线、脱焊元器件引脚等才能进行测量。间接测量即用测电压的方法换算成电流值，这种方法快捷、方便，但若所选测量点的元器件有故障，则不容易准确判断。

（4）波形法。

对交流信号产生和处理电路来说，采用示波器观察各点的波形是最直观、最有效的故障检测方法。将所测出的波形与理论分析给出的标准进行比较，从中发现故障所在，这种方法具有准确、迅速等优点。

示波器与信号源结合使用，可以进行跟踪测量，在条件允许的情况下，使用示波器进行波形检测比仅使用万用表检测更容易判断出故障点。

3）替换法

替换法是用规格性能相同的正常元器件、电路或部件替换电路中被怀疑的部分，进而判断故障所在的一种检测方法。采用这种方法一般需要将要替换的元器件拆焊，操作比较麻烦，且容易损坏周边电路或印制板，因此这种方法一般只在其他检测方法均难以判断故障时才采用。

4）分割法

为了准确确定故障部位，剔除某些部分的插件和切断部分电路之间的联系，以此缩小故障范围，分割出故障部分的方法，称为分割法。采用这种方法应保证剔除或断开部分电路不至于造成关联部分的工作异常。

5.2.3 电子产品的整机调试及检测——跟我练

按照电子产品整机组装流程，完成八路数显抢答器的装配，随后对其进行调试。

1. 电路装配

按照上一个项目任务实施步骤，完成八路数显抢答器的装配。

2. 八路数显抢答器的整机调试

1）通电前直观检查

根据焊接的电路板完成通电前检查项目，并填入表5.5中。

表5.5 通电前直观检查

内容	项目	合格标准	自查结果
通电前检查	电路板焊接	1. 电路板无虚焊、连焊等； 2. 元器件安装位置正确； 3. 元器件极性、引脚排列整齐	
	电路连接	对照电路原理图，用电阻法检查无断路、短路现象	

2）通电观察（表5.6）

表5.6 通电观察

内容	项目	合格标准	自查结果
通电观察	电路板接通电源	1. 无冒烟、异味； 2. 元器件无发热等	

3）通电整机测试

对照图5.5和原理图5.6，进行检测和调试，将测试结果填入表5.7中。

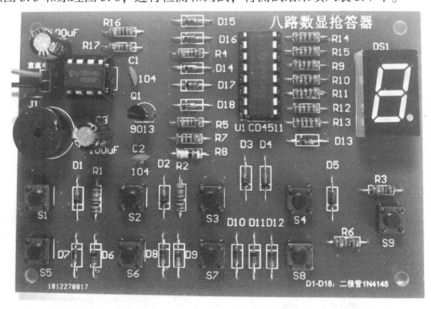

图5.5 八路数显抢答器电路板

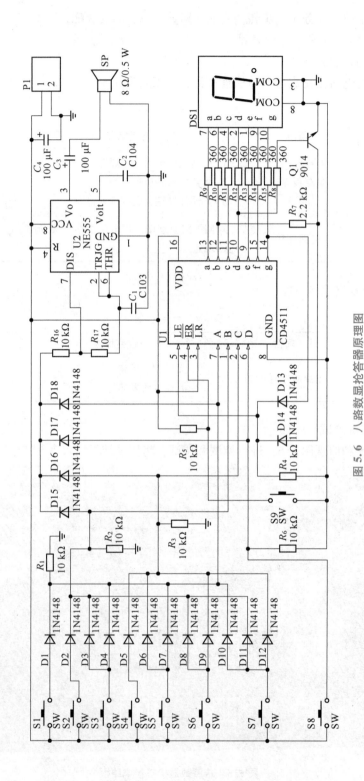

图 5.6 八路数显抢答器原理图

表 5.7　八路数显抢答器整机测试

项目	合格标准	自查结果	测试结果
抢答器基本功能	S1、S2、S3、S4、S5、S6、S7、S8 分别按下，显示器正常显示；扬声器正常发声		
	按下 S 时显示器不显示，扬声器不发声		

4）八路数显抢答器检测与调试

按照以下要求完成表 5.8 八路数显抢答器检测数据记录表。

表 5.8　八路数显抢答器检测数据记录表

检测项目	测试内容	测试数据
三极管 Q1	S8 按下，Q1 的 C、E 间的电压	
	S8 未按下，Q1 的 C、E 间的电压	
二极管 D6、D7	按下 S5，二极管 D6、D7 的电压	
	松开 S5，二极管 D6、D7 的电压	
U2 输出波形	接入电源，测试 U2（NE555）3 脚输出波形的频率	
	接入 R_{17}，U2（NE555）3 脚输出波形的频率变化	
	断开 R_{17}，U2（NE555）3 脚输出波形的频率变化	
	电容 C_2 容值增大，U2（NE555）3 脚输出波形的频率变化	
电路现象	电阻 R_4 短路，电路出现的现象	
	电阻 R_6 短路，电路出现的现象	
	电阻 R_2 短路，电路出现的现象	

5）电路故障及排查

若在进行表 5.8 的测试过程中电路板出现故障，应对电路板进行故障排除。将故障排除记录在表 5.9 中。

表 5.9　故障记录表

故障现象	出现故障原因	解决方法

任务实施

（1）简述电子产品整机调试的步骤。

（2）简述电子产品整机调试的故障检测方法。

考核评价

考核评价如表 5.10 所示。

表 5.10　考核评价

任务 5.2　八路数显抢答器的整机调试					
班级		姓名		组号	
项目	配分	考核要求	评分细则	扣分记录	得分
电路调试	30 分	1. 电路通电前检查； 2. 电路通电后检查； 3. 通电整机调试	1. 电路通电检查没有问题，错误一处扣 2 分； 2. 电路通电后无异常现象，错一处扣 3 分； 3. 通电整机调试八路数显抢答器的基本功能正常，错一处扣 5 分		
数据测量分析	20 分	1. 仪器仪表正确使用； 2. 数据测量准确； 3. 能正确分析测试数据	1. 仪器仪表选取合适，使用正确，错一处扣 2 分； 2. 按照要求测试数据正确，错一处扣 1 分； 3. 正确分析测试数据的合理性，不能正确无误分析的错一处扣 2 分		

续表

任务 5.2　八路数显抢答器的整机调试						
班级		姓名		组号		扣分记录
项目	配分	考核要求		评分细则		得分
故障排查	40 分	1. 能正确查找电路故障； 2. 对电路故障能正确排查		1. 电路整机调试有问题，且能正确查找电路故障，错一处扣5 分； 2. 能对查找到的故障进行电路排除，错一处扣5 分		
安全文明操作	10 分	1. 工作台上工具摆放整齐； 2. 严格遵守安全文明操作规程； 3. 调试过程中规范操作； 4. 操作时轻拿轻放		1. 工作台上工具按要求摆放整齐，错一处扣2 分； 2. 焊接时规范操作，错一处扣1 分； 3. 调试时应轻拿轻放，不损坏元器件和工具，错一处扣3 分； 4. 调试过程中遵守安全文明操作，错一处扣2 分		
总　分						

任务 5.3　自动温度报警电路的制作调试

任务描述

现实生活中，常常需要进行温度控制，当温度超出某一规定的上限值时，需要立即切断电源并报警。待恢复正常后设备继续运行。本任务要求对自动温度报警系统进行设计、制作及调试，使其达到设计规定的技术性能和指标要求。

任务目标

```
素养          知识          技能
目标          目标          目标

1. 培养学生标准意识；    1. 掌握自动温度报警    1. 能够读懂自动温度
2. 培养学生安全用电、  系统的电路原理；      报警系统电路的原理图；
规范操作意识；          2. 掌握自动温度报警    2. 能够完成自动温度
3. 培养学生的团队协    系统的组装和调试。    报警系统的制作及调试。
作意识。
```

知识链接—跟我学

现实生活中，常常需要进行温度控制，当温度超出某一规定的上限值时，需要立即切断电源并报警。待恢复正常后设备继续运行。

1. 自动温度报警系统电路结构

整个电路包括：电源电路，比较电路，继电器驱动电路，振荡电路，译码、驱动及显示电路，电路可交直流工作。

2. 自动温度报警系统电路原理

本模拟电路采用常用的 LM358 作比较器，NE555 作振荡器，十进制计数/译码器 CD4017 以及锁存/译码/驱动电路 CD4511 作译码显示达到上述要求。其原理图如图 5.7 所示。

调节电位器 R_{P1} 设定动作温度，模拟设备正常运行时的状态，使数码管顺序循环显示0-1-2-4-8-0-8-4-2-1，调节电位器 R_{P2}，可改变数码管循环显示速度。用电烙铁代替发热件，靠近发热元件 R_T（正温度系数），发热元件随温度变化改变阻值。当热敏元件感受的温度超过设定的上限温度时，数码管顺序显示停止，报警电路发出声音同时报警。将烙铁离开热敏元件，使热敏元件所感受的温度在上限温度以下，温度电路恢复常态，报警停止，数码管恢复循环显示数字。

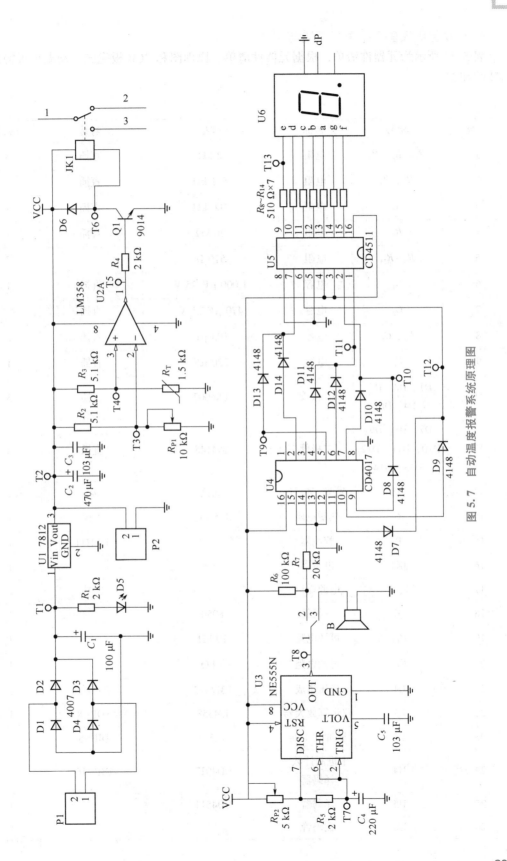

图 5.7　自动温度报警系统原理图

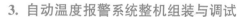

3. 自动温度报警系统整机组装与调试

表 5.11 所示为元器件清单，根据元器件清单、原理图和 PCB 板完成自动温控报警系统的装配和调试。

表 5.11　元件清单

序号	标称	名称	规格	封装	数量
1	R_1、R_4、R_5	电阻	2 kΩ	直插	3
2	R_2、R_3	电阻	5.1 kΩ	直插	2
3	R_6	电阻	100 kΩ	直插	1
4	R_7	电阻	20 kΩ	直插	1
5	$R_8 \sim R_{14}$	电阻	510 Ω		7
6	C_1	电容	1 000 μF/25 V	直插	1
7	C_2	电容	470 μF/25 V	直插	1
8	C_3、C_5	电容	103 μF	直插	2
9	C_4	电容	220 μF	直插	1
11	D1、D2、D3、D4、D6	二极管	1N4007	直插	5
12	D7、D8、D9、D10、D11、D12、D13、D14	二极管	IN4148	直插	8
13	D5	发光二极管	红色	φ5	1
14	R_T	热敏电阻	1.5 kΩ	直插	1
15	B	蜂鸣器		TWH11	1
16	JK1	继电器	12 V		1
17	P1、P2	电源端口		二端	2
18	Q1	三极管	8050		1
19	R_{P1}	可调电阻	10 kΩ		1
20	R_{P2}	可调电阻	5 kΩ		1
21	U1	稳压集成	LM7812	TO-220	1
22	U2	双运算放大器	LM358	SOP-8	1
23	U3	脉冲发生器	NE555	DIP-8	1
24	U4	十进制计数/译码器	CD4017	DIP-16	
25	U5	译码器	CD4511		1
26	U6	数码管			1

1）元器件检测

准确清点和检查全套装配材料数量和质量，进行元器件的识别与检测，筛选确定元器件，检测过程中填写表 5.12。

在所用测量表型中打√：数字万用表（ ），指针万用表（ ）。

2）电子产品焊接及装配

（1）电子产品装配。

根据图 5.8 和元器件清单（表 5.11），把选取的元器件及功能部件正确地装配在 PCB 板上。

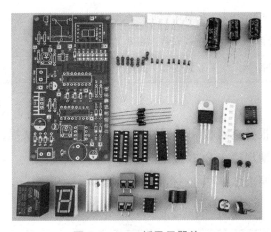

图 5.8 PCB 板及元器件

表 5.12 元器件检测

元器件	识别及检测内容		评分标准	检测结果
电容	编号	阻值	检测正确	
	C_5			
发光二极管	编号	测量二极管挡位	检测正确	
		正向 | 反向		
	D5			
热敏电阻	编号	阻值	检测正确	
	R_T			
数码管	编号	测量出内部连接图	检测正确	
	U6			
继电器	编号	画出内部引脚功能排列图	检测正确	
	JK1			

对照电路板进行元器件安装时应按照表 5.13 标准进行。

表 5.13 安装工艺标准

项目	器件名称	合格要求	自查结果
安装工艺	电阻	卧式安装，贴近电路板	
	二极管	1. 卧式安装，贴近电路板； 2. 正负极性放置正确	
	光敏电阻	立式安装，高度（5±1）mm	
	电容	尽量插到底	
	三极管	立式安装，高度（4±1）mm	
	晶闸管	立式安装，高度（4±1）mm	

（2）产品焊接。

根据自动温度控制报警电路板和元器件清单（表 5.11），从提供的元器件中选择元器件，正确装配后再准确地焊接在 PCB 板上。

焊接完毕之后，按照表 5.14 中的标准进行检测。

表 5.14 自动温度报警系统电路焊接检查标准

项目	检查项目	合格标准	自查结果
焊接工艺	印制板	插件位置正确	
	元器件极性	极性放置正确	
	导线安装	1. 走线无重叠、交错、排列整齐； 2. 导线良好加固	
	接插件、紧固件	1. 不能出现安装不到位的现象； 2. 不能出现卡件失效现象	
	整机	1. 无烫伤、划伤处； 2. 整机整洁无污物	
	焊点	1. 焊点大小适中，光滑、圆润、无毛刺； 2. 无漏焊、虚焊等现象； 3. 元器件焊接牢固，无机械损伤	
	导线	1. 导线长度适中，芯线完好，捻线头镀锡； 2. 夹住元器件的引线无松动现象	

3）电路调试及检测

（1）产品整机调试。

电路板进行焊接检查无误后，需要对电路进行电路调试和检测。在主板的 P1 接入 12 V

交流电压，看电路是否正常工作。将观察结果填入表 5.15 中。

表 5.15　产品整机调试

检测项目	合格标准	自查结果
电源部分	T2 处+12 V 工作正常； D5 正常发光	
温度检测与控制电路（LM358）	均正常工作	
脉冲信号发生（NE555）电路	正常工作	
脉冲计数电路（CD4017）电路	正常工作	
脉冲信号锁存（CD4511）电路	正常工作	
数码管显示电路	正常并正确显示	

（2）电路故障排查。

若在产品整机调试过程中，电路未能或部分未能正常工作，则需对照电路原理图和电路功能进行故障查找和排除，并填入表 5.16 中。

表 5.16　故障记录表

故障现象	出现故障原因	解决方法

4. 自动温度报警系统测试

自动温度报警系统正常工作后，使用适当仪器与挡位测量相关电信号，把它记录在下面的表格中并进行分析。

（1）调整相关元件，调节 R_{P2} 至中点位置时测量测试点 T8 的位置信号，将测试结果填入表 5.17 中。

表 5.17　测试数据记录表

记录示波器波形	频率	幅度
	$f=$	$V_{P-P}=$
	时间挡位	幅度挡位

（2）测量温度正常状态时 T13 的位置信号，将测试结果填入表 5.18 中。

表 5.18　测试数据记录表

记录示波器波形		频率	幅度
		$f=$	$V_{\text{P-P}}=$
		时间挡位	幅度挡位

对照电路原理图以及电路测量，完成以下试题。

（1）R_1 两端的电压 $U_1 =$ ＿＿＿＿＿＿＿ V，电流 $I =$ ＿＿＿＿＿＿＿ mA，D5 的两端电压 $U_2 =$ ＿＿＿＿＿＿＿ V，发光二极管 D5 消耗的功率 $P =$ ＿＿＿＿＿＿＿ W。

（2）U_2 与外围元件组成＿＿＿＿＿＿＿（比较/放大/积分/微分）运算电路。

（3）C_4 的容量换成 470 μF，那么 U3 的 3 脚产生的信号频率会变＿＿＿＿＿＿＿。

（4）电路中 D6 的作用是＿＿＿＿＿＿＿。

 考核评价

考核评价如表 5.19 所示。

表 5.19　考核评价

温度自动报警系统整机组装与调试					
班级		姓名	组号		
项目	配分	考核要求	评分细则	扣分记录	得分
元件检测	10 分	1. 能正确识别元器件； 2. 能准确判断元器件的极性	1. 元器件识别正确，无错误，错一个扣 1 分； 2. 元器件极性判断正确，无错误，错一个扣 2 分		
元件装配	15 分	1. 各元件、插件位置正确； 2. 元器件极性放置正确； 3. 元器件、导线安装符合工艺要求； 4. 电路板无烫伤、划伤、清洁无污垢； 5. 元器件布局合理规范	1. 元件、插件位置错一处扣 0.5 分； 2. 元器件极性放置错误一处扣 1 分； 3. 元器件、导线安装不符合工艺要求，错一处扣 0.5 分； 4. 电路板有损坏，扣 2 分； 5. 元器件布局不美观、不合理扣 2 分		

续表

温度自动报警系统整机组装与调试					
班级		姓名		组号	
项目	配分	考核要求	评分细则	扣分记录	得分
元件焊接	20分	1. 焊点大小适中，无漏、假、虚、连焊； 2. 焊点光滑、圆润、干净，无毛刺； 3. 引脚加工尺寸及成型符合工艺要求； 4. 导线长度、剥头长度符合工艺要求，芯线完好	1. 焊点大小不一，出现漏、假、虚、连焊现象，错一处扣1分； 2. 焊点不合格，一处扣1分； 3. 引脚尺寸及成型不符合工艺要求，一处扣1分； 4. 导线长度不符合工艺要求，一处扣1分； 5. 芯线受损，一处扣1分		
电路调试	25分	通电整机调试	1. 电路通电后无异常现象，错一处扣3分； 2. 通电整机调试温度自动报警系统的基本功能正常，错一处扣5分		
故障排查	20分	1. 能正确查找到电路故障； 2. 对电路故障能正确排查	1. 电路整机调试有问题，且能正确查找电路故障，错一处扣5分； 2. 能对查找到的故障进行电路排除，错一处扣5分		
安全文明操作	10分	1. 工作台上工具摆放整齐； 2. 严格遵守安全文明操作规程； 3. 焊接、调试过程中规范操作； 4. 操作时轻拿轻放	1. 工作台上工具按要求摆放整齐，错一处扣2分； 2. 焊接时规范操作，错一处扣1分； 3. 调试时应轻拿轻放，不损坏元器件和工具，错一处扣3分； 4. 调试过程中遵守安全文明操作，错一处扣2分		
总　分					

模块 6

电子产品的生产管理

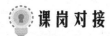

课岗对接

电子产品生产管理岗位具体要求：

1. 熟悉电子产品生产工艺流程，能够对生产现场进行规范化管理。

2. 认识电子产品可靠性，能够依据质量标准对产品的生产质量进行管理。

任务 6.1　电子产品生产工艺及现场管理

任务描述

在生产过程中的每一个环节，企业都要按照特定的规程和方法去制造。这种特定的规程和方法就是我们通常所说的工艺。一般任何先进的工艺技术都要通过工艺管理才能得以实现和发展。那么企业电子产品生产的工艺流程如何？需要从哪几个方面进行工艺管理？下面让我们通过本任务的学习，掌握电子产品生产工艺及现场管理。

任务目标

素养目标	知识目标	技能目标
1. 培养团队协作能力； 2. 培养学生信息查阅和检索能力； 3. 培养学生认真严谨的学习态度。	1. 掌握电子产品生产工艺流程主要阶段； 2. 掌握电子产品生产工艺管理主要措施； 3. 熟悉5S管理步骤。	1. 能了解一般生产工艺流程并复述； 2. 能了解一般生产工艺管理职责并复述； 3. 能熟练使用5S管理方法。

知识链接—跟我学

6.1.1 电子产品生产工艺流程

1. 工艺概述

工艺字面上的含义是工作的艺术，对于生产产品而言，工艺是指利用生产设备和工具，用特定的规程将原材料和元器件制造成符合技术要求的产品的艺术。它原本是企业在生产产品过程中积累起来的并经过总结的操作经验和技术能力，但到生产时又反过来影响生产、规范生产。

任何产品的生产过程都涵盖从原材料进厂到成品出厂的每一个环节。对于电子产品而言，这些环节主要包括原材料和元器件检验、单元电路或配件制造、单元电路和配件组装成电子产品整机系统。在生产过程中的每一个环节，企业所使用的特定的规程和方法就是我们通常所说的工艺。

工艺工作是企业组织生产和指导生产的一种重要手段，是企业生产技术的中心环节。工艺工作体现在企业产品怎样制造、采用什么方法、利用什么生产资料去制造的整个过程中。

工艺工作可分为工艺技术和工艺管理两大方面。工艺技术是人们在生产实践中或在应用科学研究中的技能、经验以及研究成果的总结和积累。工艺管理是为保证工艺技术在生产实际中的贯彻而对工艺技术的计划、组织、协调与实施。一般任何先进的技术都要通过管理才能得以实现和发展。

2. 我国电子工艺现状

20 世纪 80 年代改革开放以来，随着世界各工业发达国家和我国港台地区的电子厂商纷纷把工厂迁往珠江三角洲和长江三角洲，我国的电子工业得到了突飞猛进的发展，电子工业已经成为我国国民经济的重要产业。目前，我国电子行业的工艺现状是"两个并存"：先进的工艺与陈旧的工艺并存，先进的技术与落后的管理并存。

就我国电子产品制造业而言，热点主要集中在东南沿海地区。在这里，企业不断从发达国家引进最先进的技术和设备，利用经济实力招揽大量生产产品的技术队伍，培养高素质的工艺技术人才，已基本形成系统的、现代化的电子产品制造工艺体系，这里制造的电子产品行销全世界，已成为世界电子工业的加工厂。但在内地，一些电子产品制造企业的发展和生存却举步维艰，由于设备陈旧、技术进步缓慢和缺乏人才，因而工艺技术和工艺管理水平落后。

总之，我国电子工艺在整体上还处在比较落后的水平，且发展水平差距较大，有些企业已经配备了最先进的设备，拥有世界上最好的生产条件和生产技术，也有些企业还在简陋条件下使用陈旧的装备维持生产。因此，提高工艺水平、培养高素质的工艺技术队伍是我国电子工艺教育的长期任务。

跟我练：

利用信息手段查阅国内电子行业代表性企业及其工艺技术和工艺管理水平，将所查阅的信息填入表 6.1 中。

表 6.1　企业工艺水平调研表

企业名称	工艺技术水平 （先进/落后）	工艺管理水平 （先进/落后）

3. 电子产品制造工艺工作程序

电子产品生产包括设计、试制、制造等几个阶段，每个阶段的工艺各不相同，下面主要介绍电子产品在制造过程中的工艺，如图 6.1 所示。

1）产品预研制阶段的工艺工作

（1）参加新产品设计调研和用户访问。

（2）参加新产品的设计和老产品的改进设计方案论证。

（3）参加产品初样试验与工艺分析。

（4）参加初样鉴定会。

2）产品设计性试制阶段的工艺工作

（1）进行产品设计工艺性审查。

（2）制订产品设计性试制工艺方案。

（3）编制必要的工艺文件：

①关键零部件明细表和工艺过程卡片。

②关键工艺说明及简图。

③关键专用工艺装备方面的工艺文件。

④有关材料类的工艺文件。

（4）进行工艺质量评审。

（5）参加样机试生产。

（6）参加设计定型会。

3）产品生产性试制阶段的工艺工作

（1）制订产品生产性试制的工艺方案。

（2）编制全套工艺文件。

（3）进行工艺标准化审查。

（4）组织指导产品试生产。

（5）修改工艺文件、工装。

（6）编写试制总结，协助组织生产定型会。

4）产品批量生产（或质量改进）阶段的工艺工作。

（1）完善和补充全套工艺文件。

（2）制订批量生产的工艺方案。

（3）进行工艺质量评审。

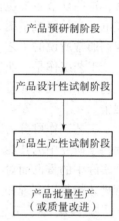

图 6.1　电子产品制造
工艺流程图

（4）组织、指导批量生产。

（5）产品工艺技术总结。

6.1.2　电子产品生产工艺管理

企业为了提高产品的市场占有率，在促进科技进步、提高工艺技术的同时，会在产品生产过程中采用现代科学理论和手段，加强工艺管理，即对各项工艺工作进行计划、组织、协调和控制，使生产按照一定的原则、程序和方法有效地进行，以提高产品质量。

1. 工艺管理人员的主要工作内容

1）编制工艺发展计划

一个企业工艺水平的高低反映该企业的生产水平的高低，工艺发展计划在一定程度上是企业提高自身生产水平的计划。一般而言，工艺发展计划编制应适应产品发展需要，在企业总工程师的主持下，以工艺部门为主组织实施。编制时应遵循先进性与适用性相结合、技术性与经济性相结合的方针。编制内容包括工艺技术措施规划（新工艺、新材料、新装备和新技术攻关规划等）、工艺组织措施规划（工艺路线调整、工艺技术改造规划等）。

2）生产方案准备

企业设计的新产品在进行批量生产前，首先要准备产品生产方案，其内容主要包括：

（1）新产品开发的工艺调研和考察，产品生产工艺方案设计。

（2）产品设计的工艺性审查。

（3）设计和编制成套工艺文件，工艺文件的标准化审查。

（4）工艺装备的设计与管理。

（5）编制工艺定额。

（6）进行工艺质量评审、验证、总结和工艺整顿。

3）生产现场管理

产品批量生产时，在生产现场，为了提高产品质量，需要加强现场生产控制，主要工作包括：

（1）确保安全文明生产。

（2）制定工序质量控制措施，进行质量管理。

（3）提高劳动生产率，节约材料，减少工时和能源消耗。

（4）制定各种工艺管理制度并组织实施。

（5）检查和监督执行的工艺情况。

4）开展工艺标准化工作

为了使产品符合国际标准，增强产品的竞争力，必须开展工艺标准化工作，工艺标准化工作的主要内容有：

（1）制定推广工艺基础标准（术语、符号、代号、分类、编码及工艺文件的标准）。

（2）制定推广工艺技术标准（材料、技术要素、参数、方法、质量的控制与检验和工艺装备的技术标准）。

（3）制定推广工艺管理标准（生产准备、生产现场、生产安全、工艺文件、工艺装备和工艺定额）。

5）开展工艺技术研究和情报工作

企业为了了解国内外同类企业的生产技术和工艺水平，必须开展工艺技术的情报工作，以找出差距，提高自身生产水平，同时还必须开展工艺技术的研究，使企业立于不败之地。主要内容包括：

（1）掌握国内外新技术、新工艺、新材料、新装备的研究与使用情况，借鉴国内外的先进科学技术，积极采取和推广已有的、成熟的研究成果。

（2）进行工艺技术的研究和开发工作，从各种渠道搜集有关的新工艺标准、图纸手册及先进的工艺规程、研究报告、成果论文和资料信息，并进行加工、管理。

（3）有计划地对工艺人员、技术工人进行培训和教育，为他们更新知识、提高技术水平和技能开展服务。

（4）开展群众性的合理化建议与技术改进活动，进行新工艺和新技术的推广工作，对在实际工作中做出创造性贡献的人员给予奖励。

（5）开展工艺成果的申报、评定和奖励。

（6）组织工艺纪律管理等其他工艺管理措施。

2. 组织机构及其工艺管理职能

企业必须建立权威性的工艺管理部门和健全、统一、有效的工艺管理体系。企业各有关部门的主要工艺职能包括但不限于以下方面。

（1）设计部门应该保证产品设计的工艺性。

（2）设备部门应该保证工艺设备经常处于完好状态。

（3）能源部门应该保证按工艺要求及时提供生产需要的各种能源。

（4）工具部门应该按照工艺要求提供生产需要的合格的工艺装备。

3. 5S 管理

5S 起源于日本，是指在生产现场中对人员、机器、材料、方法等生产要素进行有效的管理，是日本企业一种独特的管理办法。随着世界经济的发展，5S 对于塑造企业的形象、降低成本、准时交货、安全生产、高度的标准化、创造令人心旷神怡的工作场所、现场改善等方面发挥了巨大作用，逐渐被各国的管理界所认识，5S 已经成为工厂管理的一股新潮流。

5S 是包括整理（SEIRI）、整顿（SEITON）、清扫（SEISO）、清洁（SEIKETSU）、素养（SHITSUKE）五个方面，因日语的罗马拼音均为"S"开头，所以简称为 5S。开展以整理、整顿、清扫、清洁和素养为内容的活动，称为"5S"活动。

1）整理（SEIRI）

整理是区分要与不要的物品，现场只保留必需的物品。整理能区分什么是现场需要的，什么是现场不需要的，能对于车间里各个工位或设备的前后、通道左右、厂房上下、工具箱内外，以及车间的各个死角进行整理，达到现场无不用之物。整理的目的是：

（1）改善工作环境，增加作业面积。

（2）使现场无杂物，行道通畅，提高工作效率。

（3）减少磕碰的机会，保障安全，提高质量。

（4）消除因混放、混料等导致的差错事故。

（5）有利于减少库存量，节约资金。

（6）改变作风，提高工作热情。

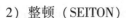

2）整顿（SEITON）

整顿是将必需品按规定定位、规定方法摆放整齐有序，明确标示。在前一步整理的基础上，整顿是对生产现场需要留下的物品进行科学合理的布置和摆放，以便用最快的速度取得所需之物，在最有效的规章、制度和最简洁的流程下完成作业。整顿的目的是不浪费时间寻找物品，提高工作效率和产品质量，保障生产安全。整顿可以把需要的人、事、物加以定量、定位。整顿的主要内容包括：

（1）物品摆放要有固定的地点和区域，以便于寻找，消除因混放而造成的差错。

（2）物品摆放地点要科学合理，例如，根据物品使用的频率，经常使用的东西应放得近些（如放在作业区内），偶尔使用或不常使用的东西则应放得远些（如集中放在车间某处）。

（3）物品摆放目视化，使定量装载的物品做到过目知数，摆放不同物品的区域采用不同的色彩和标记加以区别。

3）清扫（SEISO）

清扫的定义是清除现场内的脏污、清除作业区域的物料垃圾。清扫的目的是清除"脏污"，保持现场干净、明亮。清扫可以将工作场所的污垢除去，一旦发生异常时，更容易发现异常的根源。清扫是实施自主保养的第一步，它能提高设备的完好率。清扫的主要内容包括：

（1）自己使用的物品，如设备、工具等要自己清扫，而不要依赖他人，不增加专门的清扫工。

（2）对设备的清扫，着眼于对设备的维护保养，清扫设备要同设备的点检结合起来，清打即点检；清扫设备时要同时做设备的润滑工作，清扫也是保养。

（3）清扫也是为了改善，当清扫地面发现有飞屑和油水泄漏时，要查明原因并采取措施加以改进。

4）清洁（SEIKETSU）

清洁的定义是将整理、整顿、清扫的做法制度化、规范化，维持其成果。目的是认真维护并坚持整理、整顿、清扫的效果，使其保持最佳状态。清洁可以坚持整理、整顿、清扫活动并将其引向深入，从而消除发生安全事故的隐患，创造一个良好的工作环境，使职工能愉快地工作。清洁的主要内容包括：

（1）车间环境不仅要整齐，而且要做到清洁卫生，保证工人身体健康，提高工人劳动热情。

（2）不仅物品要清洁，而且工人本身也要做到清洁，如工作服要清洁，仪表要整洁，及时理发、刮须、修指甲、洗澡等。

（3）工人不仅要做到形体上的清洁，而且要做到精神上的"清洁"，待人要讲礼貌、要尊重别人。

（4）要使环境不受污染，进一步消除混浊的空气、粉尘、噪声和污染源，消灭职业病。

5）素养（SHITSUKE）

素养是"5S"活动的核心，通过素养可以努力提高人员的自身修养，使人员养成严格遵守规章制度的习惯和作风。素养是指人人按章操作、依规行事，有良好的习惯。素养能提升"人的品质"，能使每个人都成为有教养的人，能培养对任何工作都讲究认真的人。

5S 现场管理要常组织、常整顿、常清洁、常规范、常自律。5S 管理最终的目标是实现环境洁净标准化、制度化；工作现场无多余的东西，现场的物品标识明确，取用方便；员工能清楚地区分物品的用途，能分区放置物品；员工有良好习惯，能及时清除垃圾污秽，防止污染，有优秀的人格修养。

推行 5S 的步骤是：首先成立推行组织，再拟定推行方针及目标，拟定工作计划及实施方法，然后对员工进行教育及宣传造势，进而实施推广，并公布活动评比办法。实施以后，依据活动评比办法查核、评比及奖惩，并进行检讨与修正，从而形成管理制度。

 任 务 实 施

1. 讨论

你认为 5S 管理对于企业发展能起到什么作用？

2. 使用 5S 管理方法试制定管理文件

（1）任务要求：以实训室、教室或宿舍为载体，学生根据所学的 5S 管理知识，编写一套有关实训室、教室或宿舍管理的文件，文件内容包括整理、整顿、清扫、清洁和素养等。

（2）项目实施工具、设备、仪器：计算机、办公软件。

（3）实施方法和步骤：对照 5S 管理的内容，学生自己制订一套有关实训室、教室或宿舍管理的表格，表格格式如表 6.2 所示。

表 6.2　实训室、教室或宿舍 5S 管理

项目	现在状况	对照 5S 的整改
整理		
整顿		
清扫		
清洁		
素养		

 自 我 检 测 题

（1）什么是工艺？包括哪两部分内容？

（2）产品制造过程中的工艺管理工作有哪些？

（3）简述 5S 管理的内容和实施步骤。

（4）简述 5S 管理的意义。

考核评价

考核评价如表 6.3 所示。

表 6.3　考核评价

掌握电子产品生产工艺及现场管理					
班级		姓名		组号	
				扣分记录	得分
项目	配分	考核要求	评分细则		
学习态度	20 分	能认真运用信息化手段独立开展学习并有创新性方法	1. 直接复制结果扣 20 分； 2. 仅停留在表面的学习扣 5 分； 3. 查出并直接运用，无创新，扣完 5 分为止； 4. 学习态度应付扣 20 分		
了解电子产品生产工艺流程与管理	40 分	能正确了解目前电子产品的一般工艺流程；并能正确了解相关电子企业的工艺水平	1. 直接复制扣 40 分； 2. 通过信息化手段了解无深入企业，扣 10 分； 3. 通过信息化手段了解，深入企业，无反思扣 5 分		
掌握 5S 管理方法	40 分	能正确认识企业 5S 管理内容，并能使用 5S 管理制定有关实训室、教室或宿舍管理的文件	1. 直接复制扣 40 分； 2. 制定的 5S 管理文件有漏项，扣 10 分； 3. 制定的 5S 管理文件无漏项但不完善，扣 5 分		
总　分					

任务 6.2 电子产品的生产质量管理

任务描述

产品的生产过程是一个质量管理的过程，包括设计阶段、试制阶段和制造阶段，如果在产品生产的某一个阶段出现质量问题，那么该产品最终的成品一定也存在质量问题。由于一个电子产品由许多元器件、零部件经过多道工序制造而成，全面的质量管理工作显得格外重要。那么电子产品的可靠性如何提高？需要从哪几个方面展开质量管理？下面让我们通过本任务的学习，掌握电子产品的生产质量管理。

任务目标

素养目标	知识目标	技能目标
1.培养团队协作能力； 2.培养学生信息查阅和检索能力； 3.培养学生认真严谨的学习态度。	1.认识电子产品的可靠性，并了解提高可靠性的方法； 2.认识企业常用质量标准； 3.熟悉企业进行电子产品全面质量管理的几个阶段。	1.能了解电子产品可靠性的提高方法并复述； 2.能了解常用质量标准并指出其核心内容； 3.能掌握生产过程中电子产品质量管理的方法。

 知识链接—跟我学

6.2.1 电子产品可靠性

1. 可靠性概念

可靠性是指产品在规定的时间内和规定的条件下，完成规定功能的能力。可靠性是产品质量的一个重要指标。通常所说的产品质量好、可靠性高，包含两层意思：一是达到预期的技术指标；二是在使用过程中性能稳定，不出故障，很可靠。产品的可靠性主要可分为固有可靠性、使用可靠性、环境适应性。

（1）固有可靠性是指产品在设计、制造时内在的可靠性，影响固有可靠性的因素主要有产品的复杂程度、电路和元器件的选择与应用、元器件的工作参数及其可靠程度、机械结构和制造工艺等。

（2）使用可靠性是指使用和维护人员对产品可靠性的影响，它包括使用和维护程序的合理性、操作方法的正确性以及其他人为的因素。

（3）环境适应性是指产品所处的环境条件对可靠性的影响，它包括环境温度、湿度、气压、振动、冲击、霉菌、烟雾以及贮存和运输条件的影响。要提高产品的环境适应性，可对产品采取各种有效的防护措施。

2. 提高电子产品可靠性的方法

1）提高固有可靠性

据调查，电子产品的故障大都是由于元器件的各种损坏或故障引起的，这有可能是元器件本身的缺陷，也可能是元器件选用不当造成的，因此提高固有可靠性可以从以下几点入手，首先重点考虑元器件的可靠性。

（1）提高元器件的可靠性，首先要正确选用元器件，尽可能压缩元器件的品种和规格数，提高它们的复用率。元器件的失效规律遵循浴盆曲线规则：早期，随着元器件工作时间的增加而失效率迅速降低，这是由于元器件设计、制造上的缺陷而发生的失效，称为早期失效，通过对原材料和生产工艺加强检验和质量控制，对元器件进行筛选老化，可使其早期失效大大降低；随着时间的推移，产品在早期失效之后，失效率低且基本稳定，失效率与时间无关，称为偶然失效，偶然失效期时间较长，是元器件的使用寿命期；到产品使用的后期，失效率随时间迅速增加，到了这个时期，大部分元器件都开始失效，产品迅速报废，称为耗损失效期。因此所用元器件必须经过严格检验和老化筛选，以排除早期失效的元器件，然后将合格可靠的元器件严格按工艺要求装配。

（2）根据电路性能的要求和工作环境条件选用合适的元器件，使用条件不得超过元器件电参数的额定值和相应的环境条件并留有足够的余量。合理使用元器件，元器件的工作电压、电流不能超额使用，应按规范降额使用。尽量防止元器件受到电冲击，装配时严格执行工艺规程，免受损伤。

（3）仔细分析比较同类元器件在品种、规格、型号和制造厂商之间的差异，择优选用，并注意统计、积累在使用和验收过程中元器件所表现出来的性能与可靠性方面的数据，作为以后选用的重要依据。

（4）合理设计电路，尽可能选用先进而成熟的电路，减少元器件的品种和数量，多用优选的和标准的元器件，少用可调元件，采用自动检测与保护电路。为便于排除故障与维修，在设计时可考虑布设适当的监测点。

（5）合理地进行结构设计，尽可能采用生产中较为成熟的结构形式，有良好的散热、屏蔽及三防措施，防振结构要牢靠，传动机构灵活、方便、可靠，整机布局合理，便于装配、调试和维修。

（6）加强生产中的质量管理。

2）从使用方面提高可靠性

一般，产品出厂时都附有合格证、说明书，并附有产品使用情况的记录卡、维修卡等，有些产品还对贮存、运输等条件有相应的条文规定。因此，对使用者来说，应按规定进行贮存、保管、使用和维修，使已定的可靠性指标得以实现。

（1）合理贮存和保管。产品的贮存和运输必须按照规定的条件执行，否则产品会在贮存和运输的过程中受到损伤。保管也是如此，必须按照规定的范围保管，如温度、湿度等

都要保持在一定范围之内。

（2）合理使用。在使用产品之前必须认真阅读说明书，按规定操作。

（3）定期检验和维修。定期检验可免除产品在不正常或不符合技术指标时给使用造成差错，也可避免产品长期带病工作以致造成严重损伤。

3）从环境适应性方面提高可靠性

电子产品所处的工作环境多种多样，气候条件、机械作用力和电磁干扰是影响电子产品的主要因素。必须采取适当的防护措施，将各种不良影响降到最低限度，以保证电子产品稳定可靠地工作。

（1）气候条件方面。气候条件主要包括温度、湿度、气压、盐雾、大气污染、灰尘砂粒及日照等因素。它们对产品的影响主要表现在使电气性能下降、温升过高、运动部位不灵活、结构损坏，甚至不能正常工作。为了减少和防止这些不良影响，对电子产品提出以下要求：

①采取散热措施，限制设备工作时的温升，保证在最高工作温度条件下，设备内的元器件所承受的温度不超过其最高极限温度，并要求电子设备耐受高低温循环时的冷热冲击。

②采取各种防护措施，防止潮湿、盐雾、大气污染等气候因素对电子设备内元器件及零部件的侵蚀和危害，延长其工作期。

（2）机械作用力方面。机械作用力是指电子产品在运输和使用时，所受到的振动、冲击、离心加速度等机械作用。它对产品的影响主要是：元器件损坏失效或电参数改变；结构件断裂或变形过大；金属件疲劳等。为了防止机械作用对产品产生的不良影响，对产品提出以下要求：

①采取减振缓冲措施，确保产品内的电子元器件和机械零部件在受到外界强烈振动和冲击的条件下不致变形和损坏。

②提高电子产品的耐冲击、耐振动能力，保证电子产品的可靠性。

（3）电磁干扰对电子产品的要求。电子产品工作的周围空间充满了由于各种原因所产生的电磁波，造成各种干扰。电磁干扰的存在，使产品输出噪声增大，工作不稳定，甚至完全不能工作。为了保证产品在电磁干扰的环境中能正常工作，要求采取各种屏蔽措施，提高产品的电磁兼容能力。

跟我练：

利用已学专业知识，结合信息手段查阅相关资料，对以下类型电子产品可靠性的提升进行方案规划，将你考虑的因素填入表 6.4 中。

表 6.4　提升电子产品可靠性方案

电子产品种类	固有可靠性	使用可靠性	环境适应性
电阻			
电容			
半导体二极管			
半导体三极管			

6.2.2　常用质量标准介绍

产品质量是一个企业的形象的表现，是顾客满意不满意的主要因素。产品质量不佳会造成企业声誉的下降，市场份额的缩小，外部损失的增加，顾客满意度下降。所以产品质量可以说企业的灵魂，是企业生存的根本。施行现代化管理的企业一般会建立完善的质量管理体系，以稳定服务质量、减少客户投诉、提高企业信誉。常见的质量管理体系依据 ISO 9000 系列和 ISO 14000 系列质量标准制定。

1. ISO 9000 系列质量标准—跟我练

ISO 9000 系列质量标准是被全球认可的质量管理体系标准之一，它是由国际标准化组织（ISO）于 1987 年制定后经不断修改完善而成的系列质量管理和质量保证标准。现已有 90 多个国家和地区将此标准等同转化为国家标准。ISO 9000 系列标准自 1987 年发布以来，经历了几次修改，现今已形成了 ISO 9001：2000 系列标准。我国等同采用 ISO 9000 系列标准的国家标准是 GB/T 19000 族标准。

ISO 9000 系列标准的推行，与在我国实行现代企业制度改革具有十分强烈的相关性。两者都是从制度上、体制上、管理上入手改革，不同点在于前者处理企业的微观环境，后者侧重于企业的宏观环境。由此可见，ISO 9000 系列标准非常适合我国国情，目前很多企业都致力于 ISO 9000 质量管理。

1）现行 ISO 9000 系列标准的特点

（1）通用性强。现行 ISO 9000 系列标准作为通用的质量管理体系标准可适用于各类企业，不受企业类型、规模、经济技术活动领域或专业范围、提供产品种类的影响和限制。

（2）质量管理体系文件可操作性强。标准一方面采用简单的文件格式以适应不同规模的企业的要求，另一方面其文件数量和内容更切合企业的活动过程所期望的结果。

（3）标准条款和要求可取可舍。企业可根据需求和应用范围对标准条款和要求做出取舍，删减不适用的标准条款。这里所说的需求是指对选定产品和产品实现过程采用标准的情况；应用范围是指对全部或部分产品和产品实现过程采用标准的情况。无论企业是否对标准条款和要求进行取舍，企业质量管理体系均应符合标准。

（4）与 ISO 14000 系列标准兼容。现行标准与 ISO 14000 系列标准在标准的结构、质量管理体系模式、标准的内容、标准使用的语言和术语等方面都有很好的兼容性。

2）ISO 9000 标准质量管理的基本原则

一个企业建立和实施的质量体系，应能满足企业规定的质量目标，确保影响产品质量的技术、管理和人的因素处于受控状态。ISO 9000 标准就是这样的质量体系，其质量管理的基本原则为：把顾客作为关注焦点，强调领导作用和全员参与，依据产品实际对质量进行过程控制和系统的管理，通过持续改进，达到企业与用户共赢的目的。具体体现在以下方面：

（1）控制所有过程的质量。

一个企业的质量管理是通过对企业内各种过程进行管理实现的，这是 ISO 9000 标准关于质量管理的理论基础。当一个企业为了实施质量体系而进行质量体系策划时，首要的是结合本企业的具体情况确定应有哪些过程，然后分析每一个过程需要开展的质量活动，确定应采取的有效控制措施和方法。

（2）控制质量的出发点是预防不合格。

ISO 9000 标准要求在产品使用寿命期限内的所有阶段都体现预防为主的思想。例如通过控制市场调研，准确地确定市场需求，开发新产品，防止因盲目开发造成产品不适合市场需要而滞销，浪费人力、物力；通过控制设计过程的质量，确保设计产品符合使用者的需求，防止因设计质量问题，造成产品质量先天性的不合格和缺陷；通过控制采购的质量，选择合格的供货单位并控制其供货质量，确保生产产品所需的原材料、外购件、协作件等符合规定的质量要求，防止使用不合格外购产品而影响成品质量。

（3）质量管理的中心任务是建立并实施文件化的质量体系。

产品质量是在产品生产的整个过程中形成的，所以实施质量理必须建立质量体系，且质量体系要具有很强的操作性和检查性。ISO 9000 要求一个企业所建立的质量体系应形成文件并按文件要求执行。

（4）质量的持续改进。

质量改进是质量体系的一个重要因素，当实施质量体系时，企业的管理者应确保其质量体系能够推动和促进质量的持续改进。

（5）一个有效的质量体系应满足顾客和企业自身双方的需要和利益。

对顾客而言，需要企业能满足其对产品质量的需要和期望，并能持续保持该质量；对企业而言，在经营上以适宜的成本，达到并保持顾客所期望的质量，既满足顾客的需要和期望，又保证企业的利益。

（6）定期评价质量体系。

定期评价质量体系的目的是确保各项质量活动实施；确保质量活动结果达到预期的计划；确保质量体系持续的适宜性和有效性。

（7）搞好质量管理关键在领导。

企业的最高管理者在质量管理中起着至关重要的作用。最高管理者需要确定企业质量方针、确定各岗位的职责和权限、配备资源、委派质量体系管理者进行管理评审，等等，以确保质量体系持续的适宜性和有效性。

3）现行 ISO 9000 系列标准包括的核心标准

利用信息手段查阅先行 ISO 9000 系列标准所包括的核心标准，编号和名称及其主要作用，将所查阅的信息填入表 6.5 中。

表 6.5　ISO 9000 系列核心标准调研表

标准编号	标准名称	主要作用

2. ISO 14000 系列质量标准

随着现代工业的发展，电子信息制造业对履行及满足日益严峻的环境法规面临着巨大的压力。国际标准化企业（ISO）抓住这一契机，应运而生了 ISO 14000 环境管理体系系列标准。针对这些环境问题，企业可以引入环境管理体系（EMS）。它不但可以帮助企业持续改善日常运作，更能加强企业识别、减少、防止及控制环境影响因素的能力，以达到降低风险的目的。

《ISO 14001：1996 环境管理体系 规范及使用指南》是国际标准化组织（ISO）于 1996 年正式颁布的可用于认证目的的国际标准，是 ISO 14000 系列标准的核心。它要求企业通过建立环境管理体系来达到支持环境保护、预防污染和持续改进的目标，并可通过取得第三方认证机构认证的形式，向外界证明其环境管理体系的符合性和环境管理水平。由于 ISO 14001 环境管理体系可以带来节能降耗、增强企业竞争力、赢得客户、取信于政府和公众等诸多好处，所以自发布之日起即得到了广大企业的积极响应，被视为进入国际市场的"绿色通行证"。同时，由于 ISO 14001 的推广和普及在宏观上可以起到协调经济发展与环境保护的关系、提高全民环保意识、促进节约和推动技术进步等作用，因此也受到了各国政府和民众越来越多的关注。为了更加清晰和明确 ISO 14001 标准的要求，ISO 对该标准进行了修订，并于 2004 年 11 月 15 日颁布了新版标准《ISO 14001：2004 环境管理体系 要求及使用指南》。

ISO 14001 标准是在当今人类社会面临严重的环境问题（如温室效应、臭氧层破坏、生物多样性的破坏、生态环境恶化、海洋污染等）的背景下产生的，是工业发达国家环境管理经验的结晶，其基本思想是引导企业建立环境管理的自我约束机制，从最高领导到每个职工都以主动、自觉的精神处理好自身发展与环境保护的关系，不断改善环境绩效，进行有效的污染预防，最终实现企业的良性发展。该标准适用于任何类型与规模的企业，并适用于各种地理、文化和社会环境。

1）实施 ISO 14000 标准的意义

目前，国内外众多的企业纷纷导入该标准体系，实施该标准的必要性和迫切性主要来自以下两个方面：

（1）外在压力的需要。第一个压力直接来自顾客，对于其他企业的供应商，成为一流企业供应链中的企业尤显重要，ISO 14000 作为一个自愿性标准，激烈的市场竞争已使之带有了强制性色彩；第二个压力来自政府，随着国家对环境保护工作的重视，将出台日趋严格的法律法规；第三个压力来自诸如银行和保险等相关方，出自降低环境风险的需求。

（2）内部管理的需要。资源的有效利用、原材料的合理使用、废品的回收控制所带来的成本降低的经济效益是企业管理的发展趋势。

2）ISO 14001 标准的特点

ISO 14001 标准是适用于任何企业环境管理的全球通用标准，对企业活动、产品和服务涉及环境问题的改善融入了企业环境保护的理念，以塑造优秀企业的形象；ISO 14001 提供了系统分析的管理方法，通过"策划、实施、评审和改进"的管理模式，实现持续发展的目标；关注对重大环境影响的评估和控制，确保法律法规的符合性，预防环境事故的发生，从而降低环境风险；与 ISO 9001 和 OHSAS 18001 标准相兼容，可建立一体化管理模式；通过文件化体系的建立，明确管理目标，全员参与，加强专业培训和信息交流，实现环境绩效管理。

3）ISO 14001 标准的内容

ISO 14001 标准是一个国际公认的环保管理体系标准，该标准包含了以下几个方面的管理控制内容：企业的环境方针、环保工作计划、实施与运行、信息交流、环境管理体系的文件控制、检查和纠正措施、环保工作的记录、环境管理体系的审核、环境管理体系的管理评审。

6.2.3 电子产品生产过程的全面质量管理

如果在产品生产的某一个阶段出现质量问题，那么该产品最终的成品一定也存在质量问题。由于一个电子产品由许多元器件、零部件经过多道工序制造而成，全面的质量管理工作显得格外重要。为了向用户提供满意的产品和服务，提高电子企业和产品的竞争能力，世界各国都在积极推行全面质量管理。全面质量管理涉及产品的品质质量、制造产品的工序质量和工作质量以及影响产品的各种直接或间接的质量工作。

产品生产过程包括设计阶段、试制阶段和制造阶段。电子产品生产过程的全面质量管理也需要囊括这三个阶段。

1. 电子产品设计阶段的质量管理

设计过程是产品质量产生和形成的起点。要设计出具有高性价比的产品，必须从源头上把好质量关。设计阶段的任务是通过调研，确定设计任务书，选择最佳设计方案，根据批准的设计任务书，进行产品全面设计，编制产品设计文件和必要的工艺文件。本阶段与质量管理有关的内容主要有以下几个方面：

（1）对新产品设计进行调研和用户访问，调查市场需求及用户对产品质量的要求，搜集国内外有关的技术文献、情报资料，掌握它们的质量情况与生产技术水平。

（2）拟定研究方案，提出专题研究课题，明确主要技术要求，对各专题研究课题进行理论分析、计算，探讨解决问题的途径，编制设计任务书草案。

（3）根据设计任务书草案进行试验，找出关键技术问题，成立技术攻关小组，解决技术难点，初步确定设计方案。突破复杂的关键技术，提出产品设计方案，确定设计任务书，审查批准研究任务书和研究方案。

（4）下达设计任务书，确定研制产品的目的、要求及主要技术性能指标，进行理论计算和设计。根据理论计算和必要的试验合理分配参数，确定采用的工作原理、基本组成部分、主要的新材料以及结构和工艺上主要问题的解决方案。

（5）根据用户的要求，从产品的性能指标、可靠性、价格、使用、维修以及批量生产等方面进行设计方案论证，形成产品设计方案的论证报告，确定产品最佳设计方案和质量标准。

（6）按照适用、可靠、用户满意、经济合理的质量标准进行技术设计和样机制造。对技术指标进行调整和分配，并考虑生产时的裕量，确定产品设计工作图纸及技术条件；对结构设计进行工艺性审查，制订工艺方案，设计制造必要的工艺装置和专用设备；制造零件、部件、整件与样机。

（7）进行相关文件编制。编制产品设计工作图纸、工艺性审查报告、必要的工艺文件、标准化审查报告及产品的技术经济分析报告；拟定标准化综合要求；编制技术设计文件；试验关键工艺和新工艺，确定产品需用的原材料、协作配套件及外购件汇总表。

2. 电子产品试制阶段的质量管理

试制过程包括产品设计定型、小批量生产两个过程。该阶段的主要工作是对研制出的样机进行使用现场的试验和鉴定，对产品的主要性能和工艺质量做出全面的评价，进行产品定型；补充完善工艺文件，进行小批量生产，全面考验设计文件和技术文件的正确性，进一步稳定和改进工艺。本阶段与质量管理内容有关的主要有以下几个方面：

（1）现场试验检查产品是否符合设计任务书规定的主要性能指标和要求，通过试验编写技术说明书，并修改产品设计文件。

（2）对产品进行装配、调试、检验及各项试验工作，做好原始记录，统计分析各种技术定额，进行产品成本核算，召开设计定型会，对样机试生产提出结论性意见。

（3）调整工艺装置，补充设计制造批量生产所需的工艺装置、专用设备及其设计图纸。进行工艺质量的评审，补充完善工艺文件，形成对各项工艺文件的审查结论。

（4）在小批量试制中，认真进行工艺验证。通过试生产，分析生产过程的质量，验证电装、工装、设备、工艺操作规程、产品结构、原材料、生产环境等方面的工作，考查能否达到预定的设计质量标准，如达不到标准要求，则需进一步调整与完善。

（5）制定产品技术标准、技术文件，取得产品监督检查机构的鉴定合格证书，完善产品质量检测手段。

（6）编制和完善全套工艺文件，制订批量生产的工艺方案，进行工艺标准化和工艺质量审查，形成工艺文件成套性审查结论。

（7）按照生产定型条件，企业产品鉴定，召开生产定型会，审查其各项技术指标（标准）是否符合国际或国家的规定，不断提高产品的标准化、系列化和通用程度，得出结论性意见。

（8）培训人员指导批量生产，确定批量生产时的流水线，拟定正式生产时的工时及材料消耗定额，计算产品劳动量及成本。

3. 电子产品制造过程的质量管理

制造过程是指产品大批量生产过程，这一过程的质量管理内容有以下几方面：

（1）按工艺文件在各工序、各工种、制造中的各个环节设置质量监控点，严把质量关。

（2）严格执行各项质量控制工艺要求，做到不合格的原材料不上机，不合格的零部件不转到下道工序，不合格的整机产品不出厂。

（3）定期计量检定、维修保养各类测量工具、仪器仪表，保证规定的精度标准。生产线上尽量使用自动化设备，尽可能避免手工操作。有的生产线上还要有防静电设备，确保零部件不被损坏。

（4）加强员工的质量意识培养，提高员工对质量要求的自觉性。必须根据需要对各岗位上的员工进行培训与考核，考核合格后才能上岗。

（5）加强对其他生产辅助部门的管理。

任务实施

1. 讨论

你认为提高电子产品的可靠性一般采用哪些措施?

2. 列举 SMT 质量管理标准文件

(1) 任务要求:以 SMT 质量管理标准为例,从 SMT 产品的设计、试制、制造阶段入手,进行质量管理标准文件的信息查找。

(2) 项目实施工具、设备、仪器:计算机、网络、办公软件。

(3) 实施方法和步骤:利用信息手段查阅 SMT 质量管理标准文件,将所查阅的信息填入表 6.6 中。

表 6.6　SMT 质量管理标准文件表

电子产品生产阶段	标准编号与名称	该标准规定的内容【概述】	该标准适用的范围【概述】
设计			
试制			
制造			

自我检测题

(1) 什么是电子产品的可靠性? 主要包括哪些指标?

(2) 提高电子产品的可靠性一般采用哪些措施?

(3) 简述产品在设计、试制和制造过程中的质量管理工作。

(4) 简述 ISO 9000 标准的主要核心标准有哪几个。

(5) 简述实施 ISO 14000 的意义和效益。

 考核评价

考核评价如表 6.7 所示。

表 6.7　考核评价

掌握电子产品生产质量管理					
班级		姓名		组号	
项目	配分	考核要求	评分细则	扣分记录	得分
学习态度	20 分	能认真运用信息化手段独立开展学习并有创新性方法	1. 直接复制结果扣 20 分； 2. 仅停留在表面的学习扣 5 分； 3. 查出并直接运用，无创新，扣完 5 分为止； 4. 学习态度应付扣 20 分		
了解电子产品可靠性提升方法	30 分	能正确了解常用电子产品可靠性的提升方法	1. 直接复制扣 40 分； 2. 列举的可靠性提升方法分类不正确，与所列电子产品类型特性不相符，扣 10 分； 3. 列举的可靠性提升方法分类正确，但与所列电子产品类型特性不完全相符，扣 5 分		
了解常用质量标准	30 分	能正确了解常用系列质量标准，并能列举 ISO 9000 的核心标准内容	1. 直接复制扣 40 分； 2. 所列举标准并非 ISO 9000 系列标准核心，扣 10 分； 3. 所列举标准为 ISO 9000 系列标准核心，但不完善，扣 5 分		
列举某种电子产品的质量管理标准文件	20 分	能正确对特定类型的电子产品，查找相关的质量管理标准文件	1. 直接复制扣 40 分； 2. 所列举标准与该类型电子产品相关性低，扣 10 分； 3. 所列举标准与该类型电子产品基本相关，但完善程度低，扣 5 分		
总　分					

参 考 文 献

[1] 廖芳. 电子产品制作工艺与实训（第 3 版）[M]. 北京：电子工业出版社，2010.

[2] 李宗宝. 电子产品生产工艺 [M]. 北京：机械工业出版社，2011.

[3] 王卫平. 电子产品制造工艺 [M]. 北京：高等教育出版社，2011.

[4] 蔡建军. 电子产品工艺与标准化 [M]. 北京：北京理工大学出版社，2012.

[5] 辜小兵. SMT 工艺 [M]. 北京：高等教育出版社，2012.

[6] 廖芳. 电子产品制作工艺实训 [M]. 北京：电子工业出版社，2012.

[7] 徐中贵. 电子产品生产工艺与管理 [M]. 北京：北京大学出版社，2015.

[8] 张俭，刘勇. 电子产品生产工艺与调试 [M]. 北京：电子工业出版社，2016.

[9] 牛百齐，周新虹，王芳. 电子产品生产工艺与治理管理 [M]. 北京：机械工业出版社，2018.

[10] 李宗宝，王文魁. 电子产品工艺 [M]. 北京：北京理工大学出版社，2019.

[11] 蔡建军. 电子产品工艺与品质管理（第 2 版）[M]. 北京：北京理工大学出版社，2020.